雪印の落日

食中毒事件と牛肉偽装事件

藤原邦達 著

緑風出版

目次

雪印の落日　―食中毒事件と牛肉偽装事件―

まえがき

わが国の酪農、畜産農家、飼料、流通、小売業者は、これまで、欧米各国とは比較にならないほど、小規模、零細な経営基盤をかろうじて支えながら、輸入自由化、市場の国際化などの強烈な外圧に負けないで健闘してきた。消費者も、貴重なたん白質資源の供給源としての畜産、酪農業を守って、自給率を維持、向上するために、懸命に協力してきた。

しかし、突然、状況は一変した。二〇〇〇年六月には雪印乳業低脂肪乳食中毒事件が発生して、乳製品の安全性が疑われるようになった。ついで二〇〇一年九月には、ついにわが国にも狂牛病が発生して、牛肉、畜産製品の安全性が問われるようになった。そして、結果的に畜産、酪農製品の需要が大きく減退するようになった。牛肉の売れ行きは半減した。卸売価格は狂牛病牛発見のニュースが流れるたびに大きく下落して、以前の三分の一にまで落ち込むようになった。

さらに、明けて二〇〇二年の一月、雪印乳業の子会社である雪印食品による牛肉表示偽装事件が発覚した。国民、消費者は雪印グループの性懲りもない失態にあきれ果て、雪印ブランドの信用は一挙に失墜した。同時に一流企業の表示でさえも信頼できないという現実を見せつけられて、酪農、畜産品の消費はいっそう冷え込んだ。

アメリカやオーストラリアなどの狂牛病未発生の諸国からの輸入攻勢はいよいよ激しくなり、このまま推移すると、わが国の畜産、酪農産業は間違いなく、まもなく壊滅するだろうさえいわれるようになった。

何とかしてこの態勢を立て直さねばならない。そのためには　何故このような事態に立ち至ったのか。どこに問題があったのかを明らかにせねばならない。そして今、消費者が最も問題にしている、そして買い控えをしている最大の理由が、安全性や品質が信じられないということに帰着する、という事実を認めたうえで、慎重に対処する必要があると思われる。

本書では、現在進行中の狂牛病事件に先立って、その前年に発生した雪印ブランドの低脂肪乳食中毒事件と、その後に発生した、同じブランドの牛肉表示偽装事件を取り扱う。

前者については、すでに厚生労働省、大阪市の報告書が公表されているが、いうまでもなく、これは官製の紋切り型の経過報告であって、事件発生の背景やこれと関わる真の原因を明らかにしたものではない。あれほど騒がれたこの事件もマスコミがあまり取り扱わなくなってから、いつのまにか風化したかに見えるようになったが、史上空前の多数の被害者を出したこの事件の真相や由来を、このまま、うやむやにしてしまうことは許されない。同様な事態の再発を防ぐためにも、そして現在進行中のこの事件の刑事、民事裁判を意義あるものとするためにも、徹底した総括が行なわれることが必要である。

後者については発覚後、まだ一月しかたっていないのに、ついに会社は解散に追いこまれた。なぜこうなったのか、その経緯や背景などについて、仔細に検討を加えておく必要が生じている。現時点において、わが国のトップブランドメーカーによって引き起こされたこれらの二つの事件を通して、今日の酪農、畜産業の問題点を総括することには、十分意義があると思われる。

食生活、食品の安全と品質を確保するために、そしてひいては危機に瀕している国産酪農、畜産業を立て直すために、さらに、私たちがわが国の生産者、消費者と協力して、どこを、どのように変えることが必要なのかを正確に知るために、この際、しっかりと考えて見ようと思う。

1　雪印乳業低脂肪乳食中毒事件をどう見るか

二〇〇〇年六月末に発生して、わが国だけでなく、世界的にも注目された雪印乳業の低脂肪乳食中毒事件がどのようにして発生したかを明らかにすることは類似の食品事故の再発を防ぐうえで、いうまでもなく非常に大切なことである。そのために、どのような細菌が、どのような経路で、あるいは工程で、どのようにして食材を汚染し、どこで、どのように増殖したのか、毒素を産生したのか、その細菌や毒素が飲食によってどのようにして人の体内に入って食中毒をおこしたのかを明らかにする取り組みが重要であることも確かである。

しかし、このような事件が発生した真の原因や背景こそは、もっと重要である。それらは、つぎのような問題点を評価することによって明らかにされるであろう。

第一にその製造、販売の当事者である企業の体質、とくに幹部の姿勢、職員の意識、士気やそのための日常的な訓練の程度やありかたを問題にせねばならない。原材料や製造工程などの安全性、品質保全の仕組みなどについても広く、深く問わねばならない。

第二に、突発的な汚染事故の発生に際して、企業の危機管理体制の妥当性が問題になる。担当者の権限と責任が明確にされていたか、危機管理機能が適正に保持されていたか、などが詳しく検証されねばならない。

品質管理の当事者、責任者の倫理観、責任感のありようや士気に緩みがあることによって事故対策が左右されるのも事実であり、真の原因を問う場合にはこれらの諸点も問題にする必要がある。

第三に、事件を予防するうえで、行政側、現実には担当保健所、食品衛生監視員の企業に対する指導、監視の体制や機能のありかたが適当であったかどうか、も問われねばならない。企業のあり方が不適切であった理由は行政側の日常的な指導や監督のあり方に問題があったからであるということもできる。さらに各地方自治体の安全衛生行政を取りまとめる、国の食品衛生行政の姿勢が不適切であれば、地域の現場での監視活動が低調になることも明らかである。

第四に、行政や企業の品質保全に関する対応のありかたを決定的に規定するのは食品衛生法であり、その内容が新規な経済的、技術的、社会的な要請に対応しきれていない場合には、公的な拘束力に乏しいものとなる。そして結果的に、行政や企業の対応をあいまいで有名無実なものとする可能性があるだろう。したがって、現行法規の妥当性について、仔細に検討せねばならない。

第五に、企業や行政を取り巻く社会的、環境的な条件は多様であり、複雑であり、絶えず変動している。たとえば国際的な動向、輸出入のあり方も大きく変化している。市場経済の圧力も無視できない。食品衛生行政がこうした変化に適応できているかどうかも厳しく問われねばならない。

類似の食中毒の再発を防ぐためには、この事件から多くを学び、食品企業を取り巻く環境条件を整備して、安全衛生に関わる障害をできる限りとり除かねばならない。その意味では、このような大規模で異例の事件の総括が、事件発生後二年近くにもなる現時点でさえも未了であった、という事実を大きく問題にせねばならない。

そして正確にいうならば、戦後私たちが経験してきた多数の食品被害の体験や教訓が大切にされて、予防的な措置が法的、行政的に確実に実施されていたならば、そしてそのことが企業の安全管理のあり方にも確実に反映していたならば、今回のような事故は決して発生していなかったであろう。

雪印乳業食中毒事件の特徴はつぎのように要約することができる。

(1) 堺市でのO・157事件に引き続く、史上最大の集団食中毒事故であった。

(2) わが国のトップメーカーでの、しかも最新の食品安全製造システムであるべきHACCP(注1)(総合衛生管理製造過程)承認工場での食品被害事故であった。

(3) 企業側の危機管理の体制には大きな欠陥があった。

(4) 行政側の指導、監視、予防、規制の体制には問題があった。

(5) 現行の食品衛生法の仕組みでは、食品被害の予防が困難であることが明らかになった。

(6) 現状を放置すれば、類似の被害が続発することが懸念されるようになった。

アメリカの週刊誌TIMEは堺市でのO・157事件の場合に引き続いて、この事件を大きく取り上げた。そしてその記事の表題にはつぎのように書かれていた。

Bad Milk Raised Old Fears : Where Are The Watchdogs?

Old Fearというのは、O・157事件以来の、「今時ありようもないほどの食中毒事故による恐怖」と言わんばかりであり、後段の、「いったいWatchdogs、見張り番はどこにいるのか?」というのは、わが国の食品衛生行政などの公的な指導、監視体制の弱さに疑問符をつけているとしか思えない。

この事故は、確かに雪印乳業という、わが国を代表するトップブランド企業であり、しかも

HACCPという、最も先進的である、といわれてきた安全管理システムを採用していた企業とは信じられないような杜撰な製造管理によって発生している。したがって海外の各国から見れば、わが国の大方の食品関連企業の衛生管理の水準を疑わせるものであると言われても仕方がない。そして同時にこうした事故の予防にあたるわが国の食品衛生行政の質を問われてもやむをえないものであったと思われる。

諸外国からどう思われようと構わない。しかし私たちは、わが国の消費者のために、国や企業の安全管理システムの形骸化という最も恐るべき事態に移行することだけは放置しておくことはできない。

雪印乳業の杜撰極まる安全管理に対する非難や批判が相次ぐのは当然のことであるとして、もっと重要なのは、わが国を代表するメーカーのひとつである雪印乳業をして、かくあらしめた、その背景や条件はいったい何であったのか、を正しく究明することである。

著者は事件直後の二〇〇〇年八月七日に、衆議院厚生委員会から招致されて参考人として私見を述べる機会を与えられたが、その際にも以上のような考え方を強調しておいた。本書において、更に詳細にこの事件の本質に迫ることができれば幸いである。

細菌性であれ化学性であれ、類似の食中毒被害の再発を許さないために、どうすればよいのかを、この際真剣に考えねばならない。最も特徴的で、象徴的なこの事件は、そのためのすぐれた反面教師として、私たちに多くのことを学ばせてくれるのではなかろうか。

2　雪印食品牛肉偽装事件をどう見るか

雪印乳業が食中毒事件の失態を深く反省して、全社を挙げて消費者の信頼を取り戻すために全力をあげていると思われていた、まさにその矢先の二〇〇二年一月に、有力な雪印ブランドグループのひとつであった雪印食品による牛肉、豚肉などの、大規模な表示偽装事件が発生した。この事件の特徴は以下の事項に示すとおりである。

(1)　わが国のトップブランド企業での、しかも食中毒事件後の、反省中であるはずの、当該企業グループ内での不祥事であった。この事件は狂牛病事件の渦中で、まじめに、がんばってきた大多数の生産農家や関連企業の商品の表示に対する不信感を、消費者の中に根強く植えつけてしまった。

(2)　企業倫理の確立のための、企業内努力やその効果を疑問視するような悲観的な世論さえも作り出してしまった。

(3)　国の狂牛病対策の誤りこそが牛肉消費の低迷を招いた原因であり、雪印食品による表示偽装の誘因であったということができる。

(4)　消費者を守る公的な指導、監視、検査機能の弱さが実証された。行政機能の拡充と規制の強化の必要性が痛感されるようになった。

(5) この事態を放置すれば、わが国の酪農、畜産業は壊滅的な打撃を受けるのではないか、というような危機感を持たされるようになった。

(6) 年商一〇〇〇億円の巨大食品産業であっても、消費者に対する背信行為によって、たちまち潰滅することが証明された。

私たちは、このような大規模な食品被害事件や広範な表示偽装事件を経験したあとでさえ、またしても、食生活の安全、安定を守る公的な仕組みや企業の姿勢が全く変らなかった、などというようなことがないようにせねばならない。

本書が、単に「雪印の落日」について語るだけでなく、そのことを通して、わが国の食の安全を守るために、さらに酪農、畜産業を再生させるために、どうすればよいのか、を考えるうえで、いささかでも寄与することができれば幸いである。

二〇〇二年二月二三日

著者

【注】

1 HACCP：Hazard Analysis Critical Control Point, 総合衛生管理製造過程。危険箇所の解析をとおして総合的な工程の衛生管理を行なうシステム。

雪印グループの概要

グループ全体の売上高は二〇〇〇年三月期の決算で、一兆二八七七億円であったが、食中毒事件後の〇一年三月には一兆一四〇七円に減少した。雪印グループの主要企業は以下のとおりである。（売上高は直近、〇一年三月期のデータによる）

雪印アクセス（東京都、売上高、六六一〇億円）

雪印乳業（東京都、同、三六一五億円）

雪印食品（東京都、同、九〇三億円）

雪印物流（東京都、同、四六五億円）

雪印種苗（札幌市、同、三七〇億円）

雪印乳業の連結対象の関連会社は三八社ある。事業内容は牛乳、乳製品、運送のほか、種苗や飼料の製造、販売、弁当製造、飲食店の経営などである。

参考までに、雪印乳業の〇〇年三月期の売上高は五四三九億円であった。

第1部

雪印低脂肪乳食中毒事件の総括

第1章　事件の経緯と原因の追及

1　事件の経緯

この事件の発端から終結にいたる経緯を、これまでに明らかにされている会社側、大阪市、厚生労働省などの資料や各種の報道、談話などに基づいて示すことにする。なお「正午ごろ」、「夕方」などのように、現時点では正確に特定できていない時間関係は、この事件での原因食品の性格上、あるいは被害の発現や対策の可否を評価するうえで、とくに重要であり、今後裁判などの過程で次第に明らかにされていくものと思われる。

(1)　二〇〇〇年（平成一二年）六月二五日正午ごろ大阪市天王寺区及び和歌山県内で雪印乳業の低脂肪乳（注1）を飲んだ子供が嘔吐や下痢を訴えた。

(2)　六月二七日午前一一時、「食中毒症状がでている」と病院から大阪市保健所へ連絡が入った。

（注：二五日、二六日時点での被害の正確な発生状況は今後患者からの聞き取り調査などによっていっそう明らかにされねばならない。）

(3) 六月二七日夕方、大阪市保健所が市環境科学研究所に飲み残しの牛乳の検査を依頼した。

(4) 六月二七日に、雪印乳業関西品質保証センターに消費者から大阪工場(注2)製造の低脂肪乳を飲用後、数時間して下痢、嘔吐の症状が出たという連絡があった。すなわち会社側の記録によると、第一報は午前一一時二九分、低脂肪乳（品質保持期限七月一日）による嘔吐の苦情であった。

(5) 六月二八日、午前一〇時三〇分、雪印乳業は札幌市で株主総会を開いていた。同時刻頃、大阪市北保健センターに五人が食中毒症状を起こしているとの電話が入った。

(6) 六月二八日、午前一一時三〇分、兵庫県西宮市から低脂肪乳を飲んだ三人が食中毒をおこしていると、大阪市へ連絡が入った。

(7) 会社側への第二報は、同一二時〇八分。低脂肪乳（品質保持期限六月三〇日）による嘔吐、下痢の訴えであった。

(8) 第三報は同一三時〇八分。低脂肪乳（品質保持起源不明）による下痢、嘔吐の訴えがあった。

(9) 会社側では、同一三時二〇分に西日本支社にて緊急品質管理委員会が開催され、上記三件の苦情情報が確認、集約されたとしている。

(10) 同一三時四〇分には大阪市保健所が大阪工場に入場し、保健所の保有する別の苦情三件が伝えられた。

(11)　大阪市が二一時三〇分頃、製造自粛、回収、事実の公表を指導した。会社側では社内調査を開始、該当する製品に使用した原材料の微生物検査を実施、該当する工場の汚染状況を調査した。

(12)　会社側の記録では、一三時五〇分過ぎに、株主総会のために札幌にいた取締役市乳営業部長は保健所立ち入りの情報を聞き、大阪工場長に照会した。工場長は別の会議中で、保健所立ち入りの事実を知っているのみで、「お客様からの苦情は入っていない。製品検査はすべてOKである。微生物検査に異常は見られない」と回答した。

(13)　一五時三〇分、西日本支社にて緊急品質管理委員会が開催された。保健所の有する苦情情報が確認され、対応策が検討された。

(14)　一五時四〇分頃、札幌において市乳営業部長は専務取締役第二事業本部長に対し、大阪工場長から確認した内容を報告した。

(15)　一五時五〇分、東京本社にて緊急保証連絡会を開催し、苦情情報の確認と情報の共有化を行なった。

(16)　一八時頃から、札幌にて、関係役員で苦情情報の確認と対応についての協議が行なわれた。この時点での苦情情報は「低脂肪乳の類似苦情七件あり。内当社四件、保健所三件、症状としては下痢等」というものであった。そして製造工程に原因があるとの結論には到らなかった。

⒄　二〇時頃、六月二九日以降、大阪工場の大型紙ラインを停止し、原因の有無を調査する事を決定し、指示した。

⒅　報道では当日夜の事情について概略次のように示されている。

「一八時、幹部らは札幌、ススキノのスナックにいた。株主総会の慰労会の二次会であったが、大阪工場から食中毒についての知らせが入り、そのまま食中毒対策会議の場になった。ソファに居並んだ幹部らはグラスを傾けながら感想をもらした。大阪と電話連絡をとっていた相馬弘前専務は『大したことはないといっていますね』と幹部たちに伝えた。二〇時の時点でこの場にもたらされたクレーム件数は七件（一八人）であった。

二三時過ぎに一同はスナックを出た。この夜、相馬前専務は石川社長に事態を伝えなかった。

二一時一五分過ぎ、大阪市保健所に一枚の手書きメモが大阪工場からファックスで届けられた。同社に寄せられた三件の被害が書かれていた。再三、クレームの報告を求めていた保健所に『ない』とウソをいい続けた工場側の姿勢を見かねた工場幹部の行動だった。事後報告したこの幹部は下野前工場長から厳しく叱責された」（毎日新聞三月一七日付け記事）

⒆　二一時、大阪工場製造課主任が製品サンプル等を持ち、埼玉県川越の分析センターに出発した。

(20) 二二時四五分、大阪工場長が大阪市保健所を訪問し協議した。
大型紙容器ラインの停止と出荷自粛の決定を保健所に伝えた。保健所から自主回収と社告の掲載を求められたが、工場長は「自主回収については了解するが、社告掲載については社内で検討させてほしい」と回答した。

(21) 会社側の記載では、六月二九日二時頃、市乳営業部長は第二事業本部長に保健所の意向を伝えた。同本部長は保健所の勧告であればやむを得ないので、社長の了解を条件としてこれを受け入れることにするが、原因不明のうちにお詫び広告を出すべきかはにわかに納得できないし、その内容をどのようにするかわからず、根拠に欠ける社告内容ではかえって混乱が出る可能性も考えられることなどから、朝一番で保健所に再度見解を聞き、内容を確認するよう指示した。
朝から大阪支店より各販売先に自主回収の指示を伝え、回収を実施した。

(22) 八時、雪印西日本支社が低脂肪乳の自主回収を決める。事実の公表については本社の了解が得られなかった。

(23) 九時に、品質保証部長らが大阪市保健所を訪問し、再度見解を確認した。

(24) 一〇時三〇分頃、帰京のため千歳空港にいた社長に対し、品質保証担当取締役が苦情内容を伝えた。

(25) 一一時、東京本社に帰社した市乳営業部長は宣伝部宣伝課長に社告掲載の準備を指示した。広告代理店との打ち合わせに行ったが、この時点で当日の夕刊には間に合わなかった。翌日の朝刊に間に合うかどうかという状況であったため、枠取りを行なった。

(26) 一三時四〇分頃、東京本社に帰った社長と第二事業本部長は関係者と協議し、社告案を決定した。

(27) 一四時一五分、西日本支社より社告決定を保健所に連絡し、保健所と同時刻に記者会見する方向で準備を進めた。

(28) 一六時に大阪市が最初の記者会見を行ない、事件を公表した。

(29) 二一時四五分に西日本支社長が最初の記者会見を行ない、苦情の発生状況、自主回収の案内などを説明した。

(30) 二九日、厚生労働省は大阪市からの通報後、直ちに雪印本社に対し、事件の公表及び自主回収を指示した。

(31) 六月三〇日、和歌山市衛生研究所が患者の飲み残しの低脂肪乳から黄色ブドウ球菌毒素遺伝子を検出した。

大阪市は低脂肪乳の回収を命令した。厚生労働省は患者の発生が近隣府県市に及んだため大阪市に職員二名を派遣して、関係府県市担当者会議を開催した。

(32) 同日、会社側は社内調査によって、調整乳タンクＴ四七の逆流防止弁（チャッキ弁）の洗浄不良による汚染を推定した。

(33) 同日、朝刊に、会社側はお詫びと製品回収についての社告を掲載した。一二月二二日の会社側の報告書では、この時点での報道が行なわれた後、苦情が殺到し、最終的に三万一〇〇〇件に達したと記している。

社内でのふき取り検査の結果では調整乳タンクのチャッキ弁の洗浄不良による汚染であると推定した。

患者の発生が増え続けて最終的には一万四〇〇〇名を越すまでになり、近年には異例の大食中毒事件となった。

(34) 七月一日、雪印乳業石川社長が記者会見した。

① 低脂肪乳の製造に利用した架設ラインの逆流防止弁から黄色ブドウ球菌を検出した。

② 逆流防止弁の洗浄は三週間行なわれていなかった、と発表。

記者会見時に社内の意思不統一に起因する混乱が露呈した。

石川社長は工場長の発言した内容を事前に知らされていなかった。

(35) 同日、雪印乳業大阪工場が総合衛生管理製造課程の承認施設であったために、厚生労働省は大阪市と合同で立ち入り検査を行なった。

(36) 七月二日、大阪府立公衆衛生研究所が低脂肪乳から黄色ブドウ球菌のエンテロトキシン(注3)Aを検出したことから大阪市はこれを病因物質とする食中毒と断定し、大阪工場を営業禁止とした。

(37)　同日、大阪府警が業務上過失障害の疑いで捜査、現場検証を開始した。
(38)　七月三日、会社側の分析センターでは該当原料、脱脂粉乳(注４)（幌延、磯分工場製造分）、バターの検査の結果、エンテロトキシンを検出せず、と公表した。
(39)　同日、厚生労働省、全国の乳処理施設（七四七施設）につき一斉点検を指示した。
(40)　同日、大阪、兵庫、奈良の各府県の公立学校が雪印の学校給食用牛乳を他社製に切り替えた。
(41)　七月四日、雪印乳業では、七月一日の発表を訂正して、仮設ラインは日常的に使用していたと発表。大阪工場の全製品を自主回収した。
(42)　七月七日、厚生労働省政務次官及び生活衛生局長による現地調査が実施された。厚生労働省内に「雪印乳業食中毒事故対策本部」が設置され、ＨＡＣＣＰにおける承認審査、指導及び監督の実施体制の強化等を決定した。
(43)　七月一〇日、大阪市は有症者の調査、大阪工場への立ち入り検査等の結果に基づき、中間報告をとりまとめて公表した。大阪工場において出荷後に返品された製品を原材料として使用していたことを明らかにした。
(44)　七月一一日午前一一時、会社側が大阪工場以外の全国二〇カ所の牛乳製造工場の操業停止を発表した。
(45)　七月一三日、会社側の検査では該当原料の大樹工場製造脱脂粉乳（０１００７ＡＣＱ）のエンテロトキシンAは陰性であった。（注：後にこれは検査ミスであったことが判明する。）
(46) 七月一四日、厚生労働省は大阪工場に係る総合衛生管理製造過程の厚生大臣承認を取り消した。
(47) 七月一七日、会社側が事故調査中間報告を公表した。
(48) 七月一九日以降二三日、二七日以降三一日まで、雪印乳業の乳処理施設の現地調査を実施し、専門評価会議での指示事項についての確認を得た後、順次操業を開始。自主点検終了後の厚生労働省職員による現地調査を実施した。
(49) 七月二四日、乳処理施設の一斉点検結果が公表された。
専門評価会議において雪印乳業の乳処理施設の現地調査の結果を評価し、大阪工場を除くすべての工場において安全性を確認し、その結果を厚生大臣が公表した。
(50) 七月三一日、会社側では汚染原因となった黄色ブドウ球菌を検出する目的で該当ラインのふき取り検査を実施した。
(51) 七月三一日、保健所を守る大阪市民の会が「雪印乳業問題の原因を探る・食の安全と監視体制」シンポジウムを開催した（著者もパネリストとして参加）。
(52) 八月二日、厚生労働省が大阪工場を除く二〇工場の安全宣言を行なった。
(53) 八月七日、衆議院厚生委員会が雪印問題で集中審議、西鉱平、藤原邦達、山本茂貴、平沢正夫参考人四名から意見聴取を行なった。

(54)　八月一八日、大阪府警が低脂肪乳等の原料に使用されていたと思われる雪印乳業の大樹工場製造の脱脂粉乳（四月一〇日製造）からエンテロトキシンAを検出した旨を大阪市に通知、大阪市が公表した。

(55)　八月一九日、北海道帯広保健所が大樹工場に入場、社内調査も開始された。その結果、

①　四月一〇日製造脱脂粉乳は四月一日製造の脱脂粉乳を溶解、添加したものと判明した。

②　三月三一日の停電事故の影響で四月一日製造の脱脂粉乳がエンテロトキシンAで汚染されたと推定した。

(56)　八月二三日、北海道は当該脱脂粉乳の製造に関連した停電の発生、生菌数に係る基準に違反する脱脂粉乳の使用、四月一日及び四月一〇日製造の脱脂粉乳の保存サンプルからエンテロトキシンA型の検出等の調査結果について公表した。

さらに北海道は大樹工場に対して食品衛生法第四条違反として同法第二三条に基づき乳製品製造の営業停止を命じるとともに、四月一日及び四月一〇日製造の脱脂粉乳について回収を命じた。

会社側の調査では停電当時、乳が処理されていたのは生乳受け入れ工程の分離ラインのみであったことから、分離ラインでの滞留乳が大樹工場脱脂粉乳の汚染原因であると発表した。

(57)　八月二八日、第一回の厚生労働省と大阪市による原因究明合同専門家会議が開催された。

(58) 八月二九日、加工乳等の再利用に関する有識者懇談会の設置、第一回会議が開催された。
(59) 八月三〇日、総合衛生管理製造過程に関する評価検討会の設置、第一回会議の開催。
(60) 九月七日、民主党が衆議院議員会館で厚生労働省、藤原邦達、日生協組織部関係者、米虫節夫近畿大教授らからのヒヤリングを行なった。
(61) 九月七日、厚生労働省が「雪印乳業食中毒事故について」を公表。同じく雪印食中毒事件に係る厚生労働省・大阪市原因究明合同専門家会議が「雪印乳業食中毒事件の原因究明調査結果について」を公表した。
(62) 九月二三日、大樹工場から提出された停電事故対策を含む改善計画書を受理した。
(63) 一〇月二日、NHK教育テレビの「日本の宿題シリーズ・第一回、食の安全」のなかで、近大米虫教授と著者が雪印食中毒事件について論評した。
(64) 一〇月一三日、大樹工場の営業禁止命令が解除され、翌日から操業が再開された。
(65) 一〇月二〇日、雪印乳業では原因を次の三つの工程と推定した。
① 生乳受け入れ分離ラインでの汚染
② 濃縮乳タンク内での汚染
③ ライン乳での汚染
(66) 一一月一三日、大阪弁護士会が大阪市生活衛生局と雪印問題についての懇談会を持った。
(67) 一一月二二日、会社側の大樹工場における事故原因調査が終了した。

(68)　一二月一六日、雪印乳業が「大阪工場食中毒事故原因調査報告書」を公表した。

(69)　一二月二〇日、合同専門家会議が「雪印乳業食中毒事件の原因究明調査結果について」（最終報告とその概要）を発表した。

(70)　一二月二二日、雪印乳業が「大阪工場低脂肪乳等による食中毒事故について」、「再発防止策一覧」を公表した。大阪工場の廃業届け（平成一三年一月三一日をもって閉鎖する旨）を大阪市保健所に提出。

(71)　平成一三年三月九日　大阪弁護士会消費者部会で、雪印問題を中心とした著者との懇談会が開かれた。

(72)　平成一三年三月一六日　大阪府警都島署捜査本部が会社幹部らを業務上過失致死傷容疑で書類送検した。

(73)　七月一二日、被害者六名がＰＬ法に基づき合計約六六〇〇万円の損害賠償を求める民事訴訟を大阪地裁におこした。

(74)　七月一九日の各紙では、「大阪地検では石川哲郎前社長と相馬弘前専務については、予見可能性の立証が困難なので、不起訴にすることになった」と伝えた。

(75)　一〇月三一日、石川哲社長と相澤弘専務について、「大阪地検が不起訴処分にしたのは不当だ」として大阪市内の被害者の女性二人が大阪第一検察審議会に不起訴不当を申し立てた。会見した代理人の田中厚・雪印製品食中毒事件被害者弁護団長は「二人は事故発生の後、七件の被害報告を受け、被害拡大は予見できたのに対策を怠った。不起訴は納得できない」と語った。

一二月一八日、刑事裁判の第一回公判が大阪地裁で行なわれた。被告側の大樹工場長、同課長、同係長の三名は業務上過失傷害の事実は認めたが、業務上過失致死については争う姿勢を示した。(76)

2 発症者の実態

合同専門家会議の最終報告書では届け出た有症者の症状について次のように記載している。大阪市の保健所及び保健センターに届け出られた有症者三五六七名のうち大阪市に在住するものは三五一一名であり、このうち一二七二名が受診し、七九名が入院した。

年齢階級別の分布、症状別の分布、発熱、発疹があったが消化器症状がなかった二三名を除く有症者の潜伏期間別の分布は表1、2、3に示すとおりである。

「大阪市在住有症者のうち、品質保持期限が六月二八日以降の「低脂肪乳」を喫食し、黄色ブドウ球菌の食中毒症状の可能性の高い、喫食一二時間未満に何らかの消化器症状を呈した者」一四〇二名の品質保持期限別喫食状況では六月三〇日が六六六名（四七・五％）、七月二日が四四四名（三一・七％）であった。おもな症状別分類を表4に示す。

別に最終報告では大阪工場関係の調査結果に基づく、報告された有症者の類別を行ない、製品別の有症者届け出数を一次診定で一万四七八〇人、二次診定で一万三四二〇人、三次診定で四八五二人と摂取した製品別に絞り込んでいる。このうち三次診定では製品の喫食と発症との間の関係がほぼ確実である次の条件をすべて有する者を患者として認定している。

ア　潜伏期間が一二時間未満

表１　食中毒患者の性別、年齢別の分類

年　齢	男	女	合　計
0～ 5	314	273	587
6～10	158	117	275
11～15	101	56	157
16～20	59	67	126
21～25	60	104	164
26～30	93	200	293
31～35	81	196	277
36～40	67	96	163
41～45	35	60	95
46～50	53	101	154
51～55	66	125	191
56～60	101	149	250
61～65	99	152	251
66～70	98	134	232
71～75	57	91	148
76～80	23	46	69
81～85	9	22	31
86～90	7	15	22
91～	0	4	4
不　明	11	11	22
合　計	1,492	2,019	3,511

出所）雪印食中毒事件に係る厚生省･大阪市原因究明合同専門家会議の最終報告

表2　食中毒患者の症状別の分類

症　　状	有症者数	割　合
下痢・腹痛・嘔気	578	16.5％
下痢・腹痛	621	17.7％
下痢・嘔気	1,016	28.9％
腹痛・嘔気	102	2.9％
下　痢	724	20.6％
腹　痛	46	1.3％
嘔　気	401	11.4％
小　　計	3,488	99.3％
発熱・発疹等※	23	0.7％
合　　計	3,511	100.0％

※ 消化器症状無し
出所）雪印食中毒事件に係る厚生省・大阪市原因究明合同専門家会議の最終報告

表3　食中毒患者の潜伏期間別の分類

潜 伏 期 間	発症者数	小　計
3時間未満	442	
3時間以上　6時間未満	1,519	
6時間以上　9時間未満	329	
9時間以上12時間未満	139	2,429
12時間以上15時間未満	102	
15時間以上18時間未満	56	
18時間以上21時間未満	32	
21時間以上24時間未満	23	213
24時間以上48時間未満	88	
48時間以上72時間未満	12	
72時間以上	4	104
不　　明	742	742
合　　計	3,488	3,488

出所）雪印食中毒事件に係る厚生省・大阪市原因究明合同専門家会議の最終報告

イ　大阪工場の喫食が製造所固有記号で確認されている者

ウ　当該脱脂粉乳からの毒素が混入したと判断され、検査によって毒素を検出した次の製品を発症前に喫食した者

①　品質保持期限が六月二八日から七月四日までの低脂肪乳

②　品質保持期限が七月一二日から七月一四日までの、のむヨーグルト毎日骨太、のむヨ

ーグルトナチュレ、コープのむヨーグルト（注：会社側の資料では「飲む」、行政側の資料では「のむ」と言う記載になっている。）

製品別、期限表示別の有症者の分類は表5のように示されている。

製品別の発症率は推定摂食者数と推定有症者数を算出して表6のようになるとしている。最も発症率の高い低脂肪乳で〇・五八二％であった。

3　潜在被害者の存在について

食中毒を届け出たものの総数が約一万四〇〇〇名であり、最終審定に残った有症者が約五〇〇〇人であったといわれるが、これに対して、出荷された数量は低脂肪乳だけでも一リットル入りが約三二万本、五〇〇cc入りが約七万本とされている。一人が約二〇〇ccを飲用したとして、推定摂食者数は一四六万七〇二五人とされているから（表6）、食中毒届け出者はその一〇〇分の一程度に過ぎなかったことがわかる。したがって次の点を考慮していなければならない。

表4　大阪市在住の低脂肪乳を飲んだ食中毒患者の症状別の分類

症　状	有症者数	割　合
下痢・腹痛・嘔気	250名	17.8％
下痢・腹痛	150名	10.7％
下痢・嘔気	514名	36.7％
腹痛・嘔気	58名	4.1％
下　痢	192名	13.7％
腹　痛	13名	0.9％
嘔　気	225名	16.0％
合　計	1,402名	100％

※ 嘔気については、嘔吐のあった者を含む

出所）雪印食中毒事件に係る厚生省・大阪市原因究明合同専門家会議の最終報告

表5　喫食した製品別、期限表示別の食中毒患者数

品質保持期限	低脂肪乳				毎日骨太		コーヒー		その他		合　計	
	有症者数	割　合	(有症者数)	(割　合)	有症者数	割　合	有症者数	割　合	有症者数	割　合	有症者数	割　合
00.5.29					1	0.2%					1	0.0%
00.6.17	1	0.0%									1	0.0%
00.6.19					1	0.2%					1	0.0%
00.6.20	1	0.0%			2	0.3%					3	0.1%
00.6.21		0.0%			1	0.2%					1	0.0%
00.6.22	2	0.1%			1	0.2%					3	0.1%
00.6.23	8	0.3%			1	0.2%					9	0.3%
00.6.24	5	0.2%									5	0.1%
00.6.25	6	0.2%			9	1.4%					15	0.4%
00.6.26	8	0.3%			3	0.5%					11	0.3%
00.6.27	13	0.5%			13	2.0%					26	0.7%
00.6.28	44	1.6%	(24)	(1.7%)	7	1.1%					51	1.5%
00.6.29	70	2.5%	(40)	(2.9%)	8	1.3%	1	2.1%			79	2.3%
00.6.30	937	33.9%	(666)	(47.5%)	17	2.7%	1	2.1%			955	27.2%
00.7.01	136	4.9%	(89)	(6.3%)	22	3.4%	2	4.3%			160	4.6%
00.7.02	618	22.4%	(444)	(31.7%)	57	8.9%	3	6.4%	1	1.6%	679	19.3%
00.7.03	148	5.4%	(98)	(7.0%)	57	8.9%	1	2.1%			206	5.9%
00.7.04	54	2.0%	(25)	(1.8%)	82	12.8%	3	6.4%	1	1.6%	140	4.0%
00.7.05	27	1.0%	(16)	(1.1%)	59	9.2%	1	2.1%			87	2.5%
00.7.06	6	0.2%			21	3.3%					27	0.8%
00.7.07	1	0.0%			12	1.9%	2	4.3%			15	0.4%
00.7.08					6	0.9%	1	2.1%	2	3.2%	9	0.3%
00.7.09					2	0.3%	3	6.4%	1	1.6%	6	0.2%
00.7.10							2	4.3%	1	1.6%	3	0.1%
00.7.11	5	0.2%									5	0.1%
00.7.12									1	1.6%	1	0.0%
小　計	2,090	75.6%			382	59.8%	20	42.6%	7	11.3%	2,499	71.2%
不　明	673	24.4%			257	40.2%	27	57.4%	55	88.7%	1,012	28.8%
合　計	2,763		(1,402)		639		47		62		3,511	
(割合)	78.7%				18.2%		1.3%		1.8%		100.0%	

※「その他」：カルパワー、特濃、フルーツ、のむヨーグルト毎日骨太、のむヨーグルトナチュレ
(　　　)：大阪市在住有症者のうち、品質保持期限が6月28日以降低脂肪乳を喫食し、かつ喫食後12時間未満に何らかの消化器症状を呈した者

出所）雪印食中毒事件に係る厚生省・大阪市原因究明合同専門家会議の最終報告

表６　製品別の食中毒患者の割合

品　名	容量（mℓ）	出荷数量（本）	回収数量（本）	消費数量（本）	消費容量（mℓ）	推定喫食者数	推定喫食者数（計）	推定有症者数	発症率
低脂肪乳	1,000	316,970	54,264	262,706	262,706,000	1,313,530	1,467,025	8,543	0.582%
	500	70,157	8,759	61,398	30,699,000	153,495			
毎日骨太	1,000	468,396	9,640	458,756	458,756,000	2,293,780	2,345,428	1,298	0.055%
	500	21,180	521	20,659	10,329,500	51,648			
カルパワー	200	462,902	17,690	445,212	89,042,400	445,212	445,212	8	0.002%
ナチュレ	500	9,837	2,375	7,462	3,731,000	18,655	101,776	4	0.004%
	375	52,056	7,725	44,331	16,624,125	83,121			
のむヨーグルト毎日骨太	1,000	36,837	8,912	27,925	27,925,000	139,625	171,078	13	0.008%
	500	15,852	3,271	12,581	6,290,500	31,453			
特濃	180	195,056	4,096	190,960	34,372,800	171,864	171,864	0	0.000%
コーヒー	1,000	237,583	3,412	234,171	234,171,000	1,170,855	1,741,246	76	0.004%
	500	201,247	858	200,389	100,194,500	500,973			
	180	83,796	6,664	77,132	13,883,760	69,419			
フルーツ	1,000	13,320	684	12,636	12,636,000	63,180	103,533	0	0.000%
	180	50,302	5,465	44,837	8,070,660	40,353			

※　推定有症者数は、回収対象となった品質保持期限の製品を喫食した大阪市在住有症者数の内訳に大阪市在住有症者数の15府県市有症者総数に対する比4.2を乗じた数

出所）雪印食中毒事件に係る厚生省・大阪市原因究明合同専門家会議の最終報告

(1) 体調の不良を感じてはいながら、高齢者、低年齢者、知的障害者などで、事件を知らずに、異常について届け出なかった者があり、

(2) 被害にあい、事件を知っていても面倒だから届け出なかった者があり、

(3) すでに別の症状を有していた患者がエンテロトキシンの影響を受けながら、それが固有の症状の憎悪であり、飲用と関係があることがとくに意識されなかった者があり、たとえば腎臓疾患ですでに病床にあった八四歳の婦人が低脂肪乳を飲用して死亡したといわれるが、死亡しないまでも類似の病状悪化のケースが隠されている可能性があり、

(4) 素因、体質的にエンテロトキシンに抵抗性があり、発症しなかった者、発症が軽微であったために届け出がなかった者があり、

(5) 喫食、飲用量が少量で、多少の影響は受けていても、発症までに到らなかったもの、実際一リットル容器に入った低脂肪乳は数回に分けて飲用されたと思われ、年齢階層の異なる家族での発症状況でも相当に複雑な相違があったものと思われる。

(6) エンテロトキシンが原因で発生する症状を下痢、腹痛、嘔気(嘔吐をふくむ)、に限定できるか、消化器症状のない軽度の発熱、発疹症状をどのように見るか、にも問題が残る。また潜伏時間を最終診定で一二時間未満としているが、患者の年齢、素因、摂食量との関連性でこれよりも潜伏期の長い事例がないかどうかは医学的に厳密な検討を要するところである。

表7　製品別有症届出者数

	低脂肪	骨太	カルパワー	特濃4.2	フルーツ	コーヒー	のむ骨太	コープ	ナチュレ	総計
1次診定	11,962	2,226	263	6	4	136	104	51	28	14,780
3次診定	11,227	1,827	234	4			70	41	17	13,420
5次診定	4,837						9	1	5	4,852

出所）雪印食中毒事件に係る厚生省・大阪市原因究明合同専門家会議の最終報告

いずれにしても、患者の認定は会社からの補償、賠償金の支払いにも関連するところであり、表7のどの診定数を選択するかは極めて慎重に判断しなければならない。

食品被害の自訴事例には確かに思い違い、思い込みや他の理由による体調の悪化からの錯覚もあるだろう。当初の自訴数にはそのような場合が含まれているかもしれない。今回の事例のように、臨床的、疫学的な調査を通して真の被害者をある程度まで絞り込むことは可能であろう。事件を発生させた企業側としては、実際に届け出を行なった被害者に限って謝意を呈し、賠償を行なうことになるのはやむをえないとしても、その実は被害を与えた当事者の実数が行政側などで算定された被害者数よりもはるかに多い可能性があることに思いを致すことが必要である。このことは雪印乳業食中毒事件に限らず、食品被害事件一般に言えることである。

ただし、以上は森永ヒソミルク食中毒事件でみられたような相当期間をおいた、後発、遅発性の発症や後遺症が全くないという前提においての考え方であり、認定時期や発症者の限定にはくれぐれも慎重でなければならない。

4　細菌と毒素検査の結果の概要

(1)　有症者の糞便等

糞便では一三五検体中一八検体から黄色ブドウ球菌（内五検体がB型毒素産生性）が検出された。その他、ウエルシュ菌、病原性大腸菌、病原ビブリオ、カンピロバクターなどを検出した。エンテロトキシンA型について二一検体、毒素産生遺伝子について四検体、セレウス菌下痢型毒素について四検体の検査ではいずれも陰性であった。

吐瀉物（としゃぶつ）及び胃洗浄液からは、吐瀉物一検体からエンテロトキシンA型非産生黄色ブドウ球菌を検出した。

(2)　製品

ア　低脂肪乳

品質保持期限が六月二八日から七月四日までの間の低脂肪乳（六月二二日、二三日、二四日、二五日、二六日充塡）からエンテロトキシンA型が〇・〇五ng／mlから一・六ng／mlの範囲で検出された。エンテロトキシンA型の産生遺伝子は一六一検体中一一八検体で検出された。

イ　発酵乳

品質保持期限が七月一三日及び七月一四日の「のむヨーグルト毎日骨太」からそれぞれ三検体中二検体、五検体中五検体エンテロトキシンA型が検出された。

また品質保持期限が七月一二日、一三日、一四日の「のむヨーグルトナチュレ」からそれぞれ六検体中一検体、四検体中一検体、八検体中五検体、エンテロトキシンA型が検出された。検出値は〇・〇五ng／mlから〇・二ng／mlの範囲であった。

ウ　上記以外の加工乳、発酵乳、牛乳、乳飲料、クリーム類等の製品

品質保持期限六月三〇日の「毎日骨太」が一検体、定性試験で陽性とされたが、他の製品についてはは黄色ブドウ球菌及びエンテロトキシンA型はいずれも検出されなかった。

(3)　施設・設備の拭き取り

一部の施設から大腸菌群などが検出されたが、黄色ブドウ球菌ではエンテロトキシンB型産生菌と毒素非産生菌が検出された。

(4)　原材料

六月三〇日の立ち入り検査時に在庫した脱脂粉乳、無塩バター等、七月五日に収去した脱脂粉乳、発酵飲料粉等の検査では問題になるものは見られなかった。

しかし、黄色ブドウ球菌は検出されなかったが、エンテロトキシンA型が発酵乳の回収タン

クT7（「のむヨーグルト毎日骨太」）専用、六月二八日サージアップ（充塡前のタンクに投入すること）分、三〇日充塡と同じもの）T8（「のむヨーグルトナチュレ」専用、六月二九日サージアップ分、三〇日充塡と同じもの）の内容液から、それぞれ〇・一ng／ml、サージタンク内溶液については、T35から〇・二ng／ml、T40から〇・一ng／ml、T42から〇・四ng／mlそれぞれ検出された。

(5) 脱脂粉乳

六月三〇日の立ち入り時点で収去した在庫の脱脂粉乳はロット011018ABCであったが、無塩バター、未殺菌タンク内ミックスの細菌検査、毒素検査を実施、七月五日にも脱脂粉乳一〇検体、発酵飲料粉五検体、特粉一一検体等を収去したがエンテロトキシンを検出しなかった。

他方、「大樹工場で四月一〇日に製造され、大阪工場でも使用されたと思われる脱脂粉乳の保存サンプルを大阪府警が押収し、大阪府立公衆衛生研究所に鑑定依頼していたところ、二検体（01007ACQ）から四ng／mlのエンテロトキシンA型が検出されたことが八月一八日になって判明した。

六月に大阪工場で使用された脱脂粉乳のエンテロトキシンの検査結果が大阪府警から提供され、上記ロット以外からは検出されなかったことが確認された」、「また大樹工場で製造された脱脂粉乳からもエンテロトキシンA型が検出されたことも大阪府警からの資料で確認された。」

5　施設の調査結果の概要

(1)　原材料の使用状況とタンク内容の汚染、製品検査の結果の整合性

製品検査の結果では「低脂肪乳」、「のむヨーグルト毎日骨太」及び「のむヨーグルトナチュレ」からエンテロトキシンA型が検出されているが、これらの共通の原材料は脱脂粉乳のみであることが判明している。

ア　発酵乳

原材料の調合を行なう際の使用記録では国産発酵乳が毎日使用されていたにもかかわらず使用ロットが記録されているのは二、三日に一回程度であった。六月二〇日から二八日までにサージアップされたこの国産脱脂粉乳が記録によって確認されたのは二三日使用の０１００７ＡＣＱと二六日使用の０１１０１２ＡＢＣであった。

一方製品検査においてエンテロトキシンA型が検出された製品に使用された還元乳が調整された還元乳タンクＴ６には、二三日に脱脂粉乳０１００７ＡＣＱが使用されており、この還元乳はエンテロトキシンA型が検出された各種の製品に使用されていた。

イ　低脂肪乳

エンテロトキシンA型が検出された各低脂肪乳が調合されたタンクには脱脂粉乳０１００７ＡＣＱが使用されていることが判明した。この脱脂粉乳は大阪工場に、六月二〇日に二七八袋搬入されたことが大阪鉄道倉庫の伝票より確認された。六月二〇日から三〇日の間の脱脂粉乳の使用記録を見ると、大阪工場倉庫に搬入後五日以内に使用される傾向にあり、脱脂粉乳０１００７ＡＣＱが六月二一日から六月二五日の間の五日間に使用されたとすれば各低脂肪乳の製造過程と整合することがわかった。

結果的に六月二〇日から二五日の間に大阪工場で使用され、六月二二日の調合に五二五三kg、六月二四日の調合に二八八一kg使用された脱脂粉乳に相当量含まれ、本食中毒の原因となりうる脱脂粉乳のロットは０１００７ＡＣＱ以外にはないとした。

⑵　製造工程の点検

製造ラインの共用状況、仮設ホースの使用状況が点検された。更に屋外での調合作業の状況のほか、再製品の使用が行なわれていることがわかった。

⑶　衛生管理の点検

貯乳タンク内の温度管理状況では、回収乳タンクでは七℃以下、四八時間以内に使用する旨の総合衛生管理製造工程の申請書類への記載がなかった。また規定の温度を超えた記載がみられた。

　洗浄については逆止弁の手洗浄が、「清掃洗浄点検計画表」では週一回なのに、最長で二一日間洗浄されていないものがあった。また仮設ホースの洗浄記録は確認できなかった。移動式脱脂粉乳溶解機では洗浄記録がなく、従業員からの聞き取りでは「実際に適正な洗浄がなされていたかは確認できなかった」としている。

6　大阪工場への容疑の追及

　当初の原因究明の過程では、大阪市保健所でも、雪印乳業でも大樹工場製の脱脂粉乳に食中毒の原因があると考えることができなかった。

　図1は七月一三日時点で、大阪工場の製造工程において、黄色ブドウ球菌が混入し、増殖して毒素が発生した可能性があると推定されていた箇所を示している。

　返品、在庫品等の低脂肪乳をトラックで回収してきて運転者たちが屋外で開封して、常温下の回収タンクに注入していたといわれているが、最も強く疑われたのは、その際に細菌汚染が起こったのではないか、ということであった。

　次に疑われたのは図の回収乳タンクから出ているパイプラインと牛乳製造ラインとの間にあるバルブの洗浄が長期間行なわれていなかったことが判明して、この部位で細菌汚染があって、そのあと増殖したのではないかということであった。

さらに成分の調整を行なう溶解機経路からの汚染も疑われた。そして最終的に殺菌冷却工程の直前にあるストレージタンク内で細菌が増殖し毒素が発生したのではないか、と考えられた。

この図でわかるように、今から考えればずいぶんと不思議なことであったが、八月中旬までは原材料の脱脂粉乳、水、バターなどの原材料関係からエンテロトキシンを検出することができなかった。

7 原因の追及に関する問題点

(1) 原料汚染の発見がおくれたことについて

各種の報告や記録によれば、低脂肪乳中に毒素を持ち込んだのは、大樹工場から出荷されて大阪工場に届けられた脱脂粉乳であり、そのことが判明したのは、事件発生から五〇日も経過した八月一八日になってからのことであった。

なぜもっと早期に原料の脱脂粉乳に原因があることが解明できなかったのか、このことを追及することは非常に重要である。なぜなら、もしも大阪府警の刑事告発のための、証拠資料の押収がなかったならば、原料脱脂粉乳のエンテロトキシン汚染は発見されず、したがって大樹工場での停電等による黄色ブドウ球菌の増殖、エンテロトキシン毒素の産生という事実が永久

図1　当初疑われた大阪工場での容疑箇所

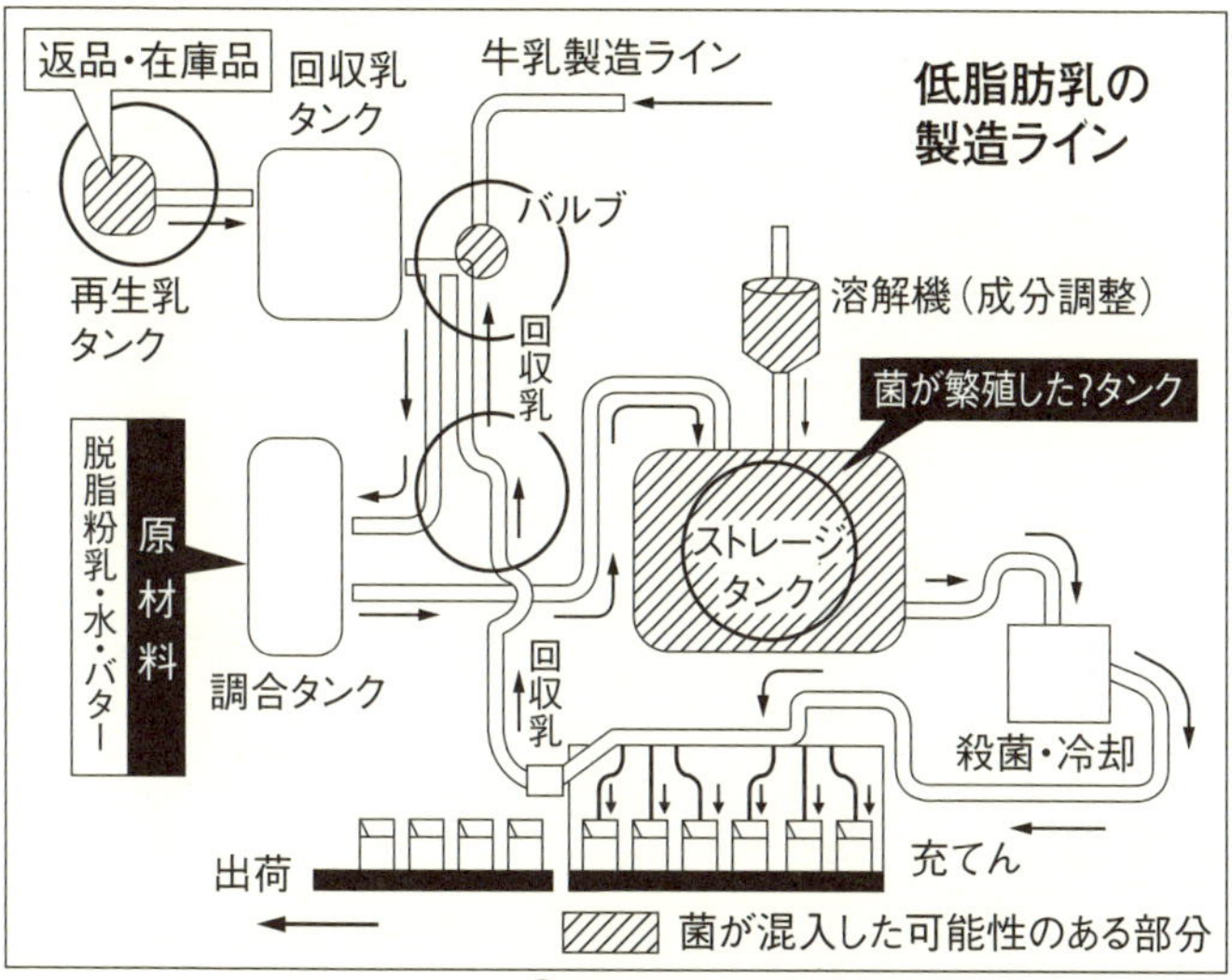

○部分が菌の汚染、増殖が疑われていた箇所。
（産経新聞、2000年7月14日掲載図に加筆。）

に隠されて、真の原因が不明のまま、結局大阪工場原因説を、あいまいなまま既成事実化させていたかもしれなかったからである。

また今回は実際にそのようなことは起こらなかったが、場合によってはエンテロトキシンに汚染された大樹工場製の脱脂粉乳がその後も各地に出荷されて、第二、第三の食中毒事件を引き起こしていたかも知れなかったからである。

(2) 原料脱脂粉乳の検査の記録

ここで既存の資料及び記録から、今回の食中毒事件での脱脂粉乳の検査に関するものを示すと次のとおりになる。

① 六月三〇日の立ち入り検査時に大阪市保健所は在庫の脱脂粉乳０１１００８ＡＢＣ一検体を収去した。細菌と毒素産生性の検査結果は陰性であった（中間報告）。
② 七月五日に大阪市保健所は脱脂粉乳一〇検体を収去、細菌と毒素産生性の検査結果は陰性であった（中間報告）（報告書には一〇検体のロット番号と製造工場名の記載がない）。
③ 七月三日から二六日にかけて、大阪市保健所はタンク内の未殺菌ミックスの細菌と毒素産生性の検査をしたが、結果は陰性であった（中間報告）。
④ 七月三日、会社側の検査では、幌延、磯分工場製の原料脱脂粉乳のエンテロトキシンは陰性であった。
⑤ 七月一三日、会社側の検査では、大樹（たいき）工場製の原料脱脂粉乳（０１００７ＡＣＱ）のエンテロトキシンは陰性であった。
⑥ 八月一八日に、「大樹工場で四月一〇日に製造され、大阪工場でも使用されたと思われる脱脂粉乳の保存サンプルを大阪府警が押収し、大阪府立公衆衛生研究所に鑑定依頼していたところ二検体（０１００７ＡＣＱ）から四ng／gのエンテロトキシンＡ型が検出されたことが判明した。」、「六月に大阪工場で使用された脱脂粉乳のエンテロトキシンの検査結果が大阪府警から提供され、上記ロット以外からは検出されなかったことが確認された」（中間報告と最終報告）
⑦ 「また大阪府警で四月一日に製造された脱脂粉乳からもエンテロトキシンＡ型が検出さ

れたことも大阪府警からの資料で確認された」（最終報告）。

⑧　大阪府立公衆衛生研究所による鑑定結果の表欄外の但し書き（手書き）には次のように書かれている。「平成一二年八月二四日収去　大阪府警が雪印大阪工場で収去した大樹工場製脱脂粉乳（平成一二年四月一日製造）」（最終報告）。

⑨　八月一九日から「北海道は大阪市の調査依頼及び厚生労働省の指示を受けて、同工場の調査を行ない」、「四月一日及び四月一〇日製造の脱脂粉乳の保存サンプルからエンテロトキシンA型の検出等の調査結果について公表した」（最終報告）。

表8は北海道立公衆衛生研究所が八月以降に実施した大樹工場で四月一日に製造した脱脂粉乳の検査結果と雪印の大樹工場が四月時点に実施していた検査結果を袋番号ごとに示したものである。

これを見ると、六〇〇袋以降の一般細菌数が異常に多く、エンテロトキシン濃度も高いことがわかる。

(3)　当初の収去、検査で原料の汚染が発見されなかった理由の推定

以上の記録にあるように、大阪工場の調査に当たった大阪市の保健衛生当局は、当初、独自に原料脱脂粉乳のエンテロトキシン汚染を発見することができなかった。おそらく大阪府警から八月一八日になって、低脂肪乳等の原料に使われた大樹工場製の脱脂粉乳が真の原因資材で

あることを通知されたときに、しかも分析者が大阪府の検査機関であったことに、大阪市の関係者は大きなショックを感じたことであろう。

大阪市保健所が原料脱脂粉乳のエンテロトキシン汚染を早期に発見できなかった理由としてはつぎの場合が考えられる。

① 大阪市の収去に際して会社側が協力的でなかった。あるいは、会社側が原料関係の検体並びに資料を意図的に隠匿していたかどうか、とくに大樹工場製の脱脂粉乳については、何らかの理由で収去を免れるために工作した形跡がなかったかどうかを調査する必要がある。

② 会社側の原料関係の保管記録や原料サンプルの保存と管理が不完全で、大阪市の立ち入り収去時に、原因低脂肪乳に使用した大樹工場製の０１００７ＡＣＱロットに相当する脱脂粉乳が保存されていなかった。あるいは提出されなかった。ただし、会社側では、七月一三日に大阪工場に保管されていた大樹工場製の原料脱脂粉乳０１００７ＡＣＱの検査を実施した事実があるのに、このロット番号の原料脱脂粉乳が大阪市保健所の収去を免れていたとすれば不可解である。

③ 大阪市の初動立ち入り調査時のサンプリングが不完全で、問題の０１００７ＡＣＱの粉乳を収去できなかった。または収去していても何らかの理由で、エンテロトキシンを検出できなかった。

表８　大樹工場で４月１日に製造された脱脂粉乳の検査結果

		北海道の検査結果（8月以降実施）						雪印の検査結果（4月実施）
			黄色ブドウ球菌			セレウス菌		
#	袋番号	一般生菌数（cfu/g）	菌数（cfu/g）	エンテロトキシン	DNA量	嘔吐毒素	水分活性	一般生菌数（cfu/g）
1	SM1	300以下	検出せず	陰性	検出せず	陰性	0.28	10
2	SM100	〃	〃	3.9ng/g（A型）	1,200	〃	0.27	10
3	SM200	〃	〃	3.3ng/g（A型）	260	〃	0.26	100
4	SM300	〃	〃	陰性	51	〃	0.31	10
5	SM400	〃	〃	陰性	5	〃	0.30	10
6	SM500	〃	〃	陰性	1	〃	0.26	10
7	SM600	5,600	〃	20.0ng/g（A型）	2,100	〃	0.27	15
8	SM700	360	〃	8.7ng/g（A型）	2,300	〃	0.27	98,000
9	SM800	300以下	〃	6.8ng/g（A型）	520	〃	0.27	6,500
10	SM830	〃	〃	4.4ng/g（A型）	1,900	〃	0.28	17,000

注１　芽胞数は、すべて300cfu/g以下
注２　大腸菌群は、すべて陰性
注３　エンテロトキシンの検出は、ELISA（メルク社、アヅマックス社の併用）
注４　DNA量は、Taqman Assay測定値
（PCR法を用いて脱脂粉乳中に残存していた黄色ブドウ球菌エンテロトキシンA遺伝子のコピー数を測定し、SM500を１としたときのDNAコピー数〈有効数字2桁〉を表示）

出所）雪印食中毒事件に係る厚生省･大阪市原因究明合同専門家会議の最終報告

④　大阪府警の証拠資料等の押収時点が何時であったかは明らかではないが、大阪市保健所の立会いなしに行なわれたのではないか、したがって、同じ脱脂粉乳のサンプルを大阪市が入手して分析することができなかったのではないか。

(4)　原因究明に関する反省事項

細菌性の食中毒であれ、化学物質による食中毒であれ、原因の究明に当たっては、普通は、方法論的に、まず原材料ルートを精査するのが常道である。しかし、なぜか雪印乳業食中毒事件の場合には、事件の発生から五〇日もの間、原材料について問題があることがわからなかった。これは六月三〇日に和歌山市衛生研究所が低脂肪乳中にエンテロトキシンA産生遺伝子を検出し、七月二日には大阪府立公衆衛生研究所が低脂肪乳からエンテロトキシンAを検出したあと、会社側が七月三日と七月一三日にくりかえし原材料の脱脂粉乳からエンテロトキシンAを検出しなかったと発表したために、さらに大阪市の収去した脱脂粉乳の毒素検査の結果がすべて陰性であったために、関係者が原材料関係には問題がない、という先入観を持つことになったためではなかったか。ただし、陰性という誤った判定を行なったとはいえ、七月一三日の発表では会社側は大樹工場製の原料脱脂粉乳０１００７ＡＣＱの検査を行なっていたのであるから、大阪市の立ち入り調査時に、この同じサンプルが現場から入手できないはずはなかったのである。

大阪市保健所側の最初の立ち入りがあったのが六月二八日の一三時四〇分であり、この際に収去した容疑対象の中に原材料となった大樹工場製の脱脂粉乳などが含まれていたならば、そして、その検査が慎重に繰り返し行なわれていれば、もっと早く原料脱脂粉乳中のエンテロトキシンAを証明することができたはずである。もっとも原材料の脱脂粉乳が複数箇所から、複数日時に入荷していたとすれば、八月一八日になって原因物質であることがわかった大樹工場製の脱脂粉乳が、最初の立ち入り時点で、不幸にして、たまたまサンプリングを免れていた可能性もあるだろう。さらに大阪工場の原材料の入荷の記録が不完全で、適当なサンプルの収去が不可能であった可能性もある。

普通は製品の低脂肪乳のロットごとの原料関係の記録は明白で、その原料の脱脂粉乳がどこから、いつ入荷したものであるか、ということは直ちに判明するはずである。

食中毒が発生した当該低脂肪乳のロット番号に相応した原料サンプルの提出を、立ち入り調査にはいった大阪市保健所が要求した際に、実際に会社側とどのような応対があったのか、あるいは提出の要求自体が不徹底であったのか、今後それらの事実関係も明らかにされねばならない。

早い段階で判明していた食中毒の原因菌が黄色ブドウ球菌であるという事実に即して言うならば、その毒素が殺菌工程でも破壊されないという常識をふまえて、原材料の脱脂粉乳を強く疑ってみる必要があった。これは結果論というよりも乳業関連企業や食品衛生行政側での、ごくありふれたコンセンサスとでもいうべきものである。会社側が脱脂粉乳の検査を行なって、一旦エンテロトキシンを含まないと発表したとしても、行政側としては、さらに慎重に、厳重に、繰り返し原料関係の調査と収去を行なって、毒素検査を徹底して実施すべきではなかったか。

今回の合同専門家会議の報告書では、サンプリングした時点、場所、保管条件及びサンプリングの事情などについての記載がないが、今後はこうした検体入手時の状況も詳細に記録しておくべきである。とくに大阪府警が何時、どこから、どのような形で証拠資料を押収したのか、その際の市当局との連携はどうであったのか。大阪府立公衆衛生研究所に検査を依頼したことを、またどのような検体が押収されたかを、市当局ははたして知っていたのか、知らされていたのか、などの諸点が明らかにされることが望ましい。最初の立ち入り調査をしたのは大阪市保健所であり、大阪府警が大阪市とは無関係に、一方的に、現場への強制的な立ち入り、押収を行なったとは考えられない。

この事件の解明の過程で、大阪市の食品衛生当局が非常に周到で多難な調査、検査活動を行なったことを高く評価せねばならない。とくに現場担当者の努力には敬意を表する。しかしながら、以上に示した一連の経過は、事故発生時の原因究明に当たって、現地自治体の食品衛生行政当局の原因企業への対応や周辺関係機関との連携、収去、調査、検査のありかたや検証の技術や能力などが重要な意味を持つことを教えている。

同時に、各自治体が日常的に、保健所や衛生研究所の調査、検査、研究能力の向上のために、努力していなければ、不測の事態に正しく対応できないことを示しているともいえるだろう。

また、立ち入り、収去にあたっては先入観にとらわれず、相手側と十分協議し、協力して原因究明に結びつくあらゆる可能性を検討して、周到にサンプリングを行ない、慎重に検査を実施して、最終的に判断することが求められる。この事件はそうした教訓を与えていると思われる。

いずれにしても、大阪府警の公権力にもとづく押収がなければ、この事件の真の原因が迷宮入りになっていたかもしれないし、大阪工場以外の各地の工場にも大樹工場製の汚染脱脂粉乳が持ち込まれて、同様なエンテロトキシンによる食中毒を続発させる可能性があったことを再度強調しておかねばならないだろう。

8　大樹工場への容疑の追及

(1)　大樹工場の脱脂粉乳製造工程

製造工程の概要は図2に示すとおりである。

生乳の受け入れに始まり、クリームの分離、貯乳タンク及び配乳タンクを経て、濃縮、乾燥、サイロ貯粉、包装にいたる工程がある。

(2) 大阪工場での食中毒原因となった脱脂粉乳

大阪工場で六月下旬に使用されて、食中毒発生の原因となった脱脂粉乳0100７ACQは大樹工場で四月一〇日に製造されたものであることが判明した。

(3) ロット01007ACQの製造状況

後述する三月三一日の停電事故によって黄色ブドウ球菌が増殖して、エンテロトキシンA型を含む四月一日製造の脱脂粉乳は九三九袋あった。そのうち四四九袋を水に溶解し、生乳から処理された脱脂乳と混合して、再び脱脂粉乳が製造された。これが四月一〇日製造の脱脂粉乳0100７ACQである。

この再利用された脱脂粉乳は、四月一日の製造後、自主検査により細菌数が∧300～98,000cfu/g検出されており、乳等省令の脱脂粉乳の成分規格（50.000cfu／g以下）に適合しないものもあった（社内基準は9,900cfu/g以下）。

もしもこの時点で、基準不合格であるという事実を重視して、この脱脂粉乳の再利用を止めておれば、後日大阪工場に運ばれて事故発生の原因となった毒素入りの脱脂粉乳は製造されていなかった。大樹工場の関係者が基準を無視した責任を問われるのは当然のことであろう。

会社側の一二月二二日付の報告書でも次のように記されている。

図2　大樹工場の脱脂粉乳製造工程図

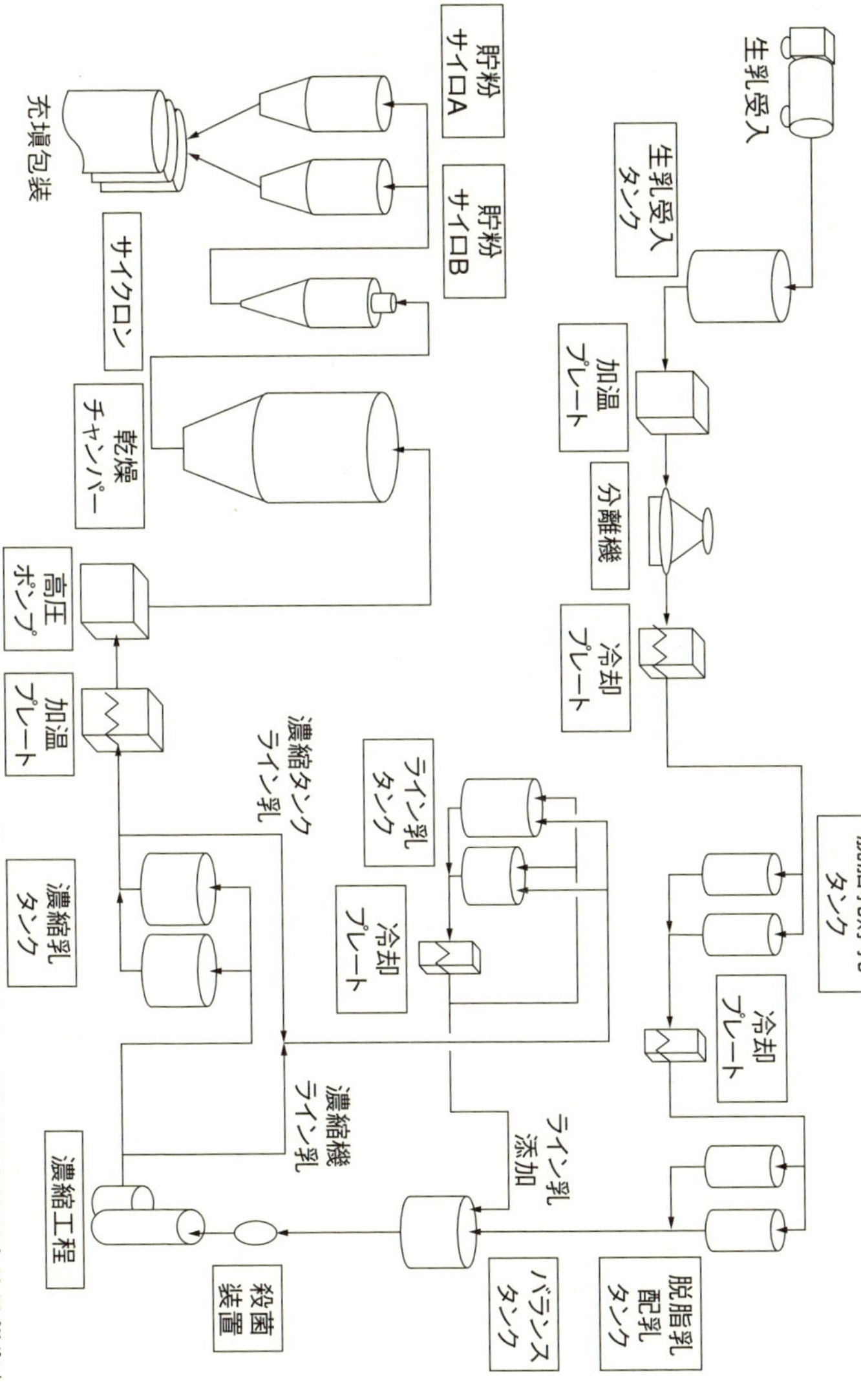

出所）雪印乳業（株）事故調査委員会の「食中毒事故調査結果報告」

「なお、この時点で、(自社の) 分析センターは、この脱脂粉乳が、四月一日に製造されながら品質に問題があって規格外とされたものを溶解添加して製造されたものであるとの情報を有していなかった。このような情報があれば、より慎重な検査がなされ、早期に原因が判明した可能性がある」

さらに次のようにも記されている。

「他方、当社は、事故当初から、工程の問題のみならず、原材料の瑕疵についても調査を進めていた。当初、大阪工場の受け入れ記録からは、原材料として使用された脱脂粉乳は、磯内工場製ということになっていたが、七月三日までには、これは日報の記載ミスで大樹工場製の脱脂粉乳であるとの疑いが出てきた。

七月初めから当社品質保証部分析センターでは、大阪工場製品の原料となった可能性のある脱脂粉乳等についてエンテロトキシン検査を開始したが、七月一三日までに全てについて陰性であるとの結果がでた。

この検査対象には、四月一〇日製造分の大樹工場製の脱脂粉乳一袋が含まれていたが、当時の分析センターの技術が十分でなく、結果的に誤った結論を出してしまったものである」

以上は杜撰な記帳管理のありかたや検査センターの技術水準の低さを自認したものであるといえるだろう。

停電事故と細菌数が基準オーバーであったと言う事実の因果関係を大樹工場の関係者が認識

していたか、認識していたとすれば、事故発生の可能性を無視したと言うことになる。また、念のために菌数オーバーの検体から主要な細菌を分離、同定しておれば黄色ブドウ球菌に到達できていた可能性もある。

「製造工場での温度管理の状況は記録からおおむね正常に行なわれていたと確認され、黄色ブドウ球菌の増殖及びエンテロトキシンの産生を疑わせる事実は認められなかった」、とされているが、停電事故後の脱脂粉乳の細菌数が異常に多かったと言うことは、有害細菌の増殖の可能性を多分に疑ってみるべき重大な事実であったというべきであり、食中毒事故予防の手がかりが全くなかったと言うわけではなかったのである。

あとで殺菌すれば菌数は基準以内に収まるだろうという、食品製造関係者の常識を逸脱した安易な考え方から、この食中毒事件が引き起こされたことは明らかである。

(4)　四月一日製の脱脂粉乳の製造状況

1　停電事故の発生

「三月三一日に工場内電気室の屋根に氷柱が落下して屋根の破損部分から氷雪の溶解水が浸入したため、配線に短絡が発生し、さらに保護装置が作動したために、工場の構内全体が一一時から一四時までの約三時間停電したことが従業員からの聞き取りから確認された。

その後、同日一八時五一分から一九時四四分までの間、復旧作業のため、さらに一時間、工場構内全体の通電が止められた。

結果的に脱脂乳の濃縮工程中のライン乳タンクの冷却器に冷媒を供給する冷凍機及び粉乳工程の送排風機は最初の停電から復旧作業のための停電が終了するまでの間、停止していた。」

2　黄色ブドウ球菌の増殖至適温度帯にあった工程

「黄色ブドウ球菌が分裂増殖する温度帯である二〇～四〇℃に加温される工程は、クリーム分離工程、濃縮工程及び濃縮乳タンクであるが、停電時に乳が滞留していた箇所はこれらの工程のうち、クリーム分離工程中の分離機及びその前後の工程並びに濃縮工程のライン乳タンクのみであった。」

(5) 黄色ブドウ球菌による汚染とエンテロトキシンA型産生に関する検討

1　クリーム分離工程

生乳に存在する黄色ブドウ球菌が汚染源と考えられるとしている。通常の生乳から黄色ブドウ球菌の検出例が報告されていることからも可能性があるとしている。

増殖の条件としては、停電事故によって製造ラインが停止し、加温からクリーム分離、冷却の工程の六五〇Ｌ（バランスタンク間で約一〇〇〇Ｌ）の乳が加温されたままの状態で三時間三〇分から四時間滞留したことが判明している。実験室内の再現試験によれば、汚染菌の濃度が一〇の二乗レベルであっても菌株によってはエンテロトキシンA型が検出されている。

２）濃縮乳の回収工程

濃縮工程における黄色ブドウ球菌の汚染源は調査の過程においては、明らかになっていない。

しかしライン乳タンクで約八〇〇Lのライン乳が九時間以上冷却されずに放置されており、従業員からの聞き取りで判明した冷却プレートの組違えにより冷却能力が落ちておれば、約三〇分の冷却が停電前に行なわれているものの、黄色ブドウ球菌が存在すれば、十分な増殖条件があったものと考えられる、としている。

(6) 四月一日包装の脱脂粉乳からの細菌の検査

北海道の検査の結果、四月一日製造の脱脂粉乳のサンプルから若干の細菌種が検出された。大樹工場での四月時点の検査結果に比べて生菌数の検出レベルが低かったのはこれらの細菌が時間の経過とともに死滅していったことによるものと思われる、としている。

黄色ブドウ球菌が検出されなかったが、これは、

①　黄色ブドウ球菌の汚染濃度が低く、北海道の検査までに死滅した。

②　黄色ブドウ球菌は殺菌され、これらの細菌の増殖は殺菌後に生じた。

ためと考えられる、としている。

(7) 大樹工場事故での反省

停電事故は乳業界に限らず、いかなる製造企業でもありうることである。加熱、冷却、輸送などに関わるエネルギー源には、電気のほか灯油、ガスなどがあるが、これらの供給が何らかの理由で停止した場合に、殺菌、保存、移動が不可能になり、有害細菌の増殖と移動、拡散を促進する場合があることを再認識する必要がある。食品衛生管理はそのようなあらゆる場合に備えて、総合的な観点に立って慎重に行なわれねばならない。落雷、停電、地震、災害等のほか機器の磨耗、人為的な過失、犯罪もおこりうる。

今回の事件に際して、雪印乳業は、大阪工場での低脂肪乳からエンテロトキシンが発見された時点で、製造工程の点検と同時に、原料関係についての調査を徹底的に行なうべきであった。すなわち低脂肪乳からエンテロトキシンが発見された七月二日の時点で、雪印本社はこの低脂肪乳の原料を出荷したと思われる各地域の全ての工場に対して、脱脂粉乳などの原料関係の毒素と細菌の検査を指令するべきであった。

もしそうしていたならば、大樹工場製の０１００７ＡＣＱに原因があったことはもっと早期に会社の責任において発見されていたことであろう。当時の雪印乳業にはこのような大局的、体系的な調査を実施する能力と余裕がなかったのであろうか。第三者の大阪府警によって原因が明らかにされたことは、当事者の会社側としてはまことに恥ずべきことであったが、一面で大いに感謝するべきことでもあった。なぜなら、もしも大阪府警の介入がなかった場合には、いわれのない大阪工場原因説が既成事実化された上、大樹工場製の毒素入り脱脂粉乳がさらに各地の工場に出荷されて、二次的、三次的な被害を発生させていたかもしれなかったからである。

9　会社側の推定する毒素産生のメカニズム

会社側の事故調査委員会が明らかにしている毒素産生のメカニズムは次のようになっている。大樹工場の脱脂粉乳製造の工程図（図2）によって説明すると、

① 三月三一日付の脱脂粉乳製造中に、濃縮機の中間洗浄で発生したライン乳がライン乳タンクに回収された。

② 回収されたライン乳は中間洗浄終了後の濃縮再開後に、直ちに脱脂乳に添加された。

③ ライン乳添加後に水押しが実施されなかったため、温かいライン乳は配管内に約七時間滞留した（滞留ライン乳量は約四三リットルであった）。

④ 製造終了後、濃縮機と濃縮タンクよりライン乳が回収された（回収ライン乳量は約一・三トン、温度は三七～四〇℃）。

⑤ 循環冷却により、配管中に滞留したライン乳がライン乳タンクに押し出されて黄色ブド

ウ球菌が拡散した。

⑥　循環冷却開始後、間もなく一〇時五七分に停電があり循環冷却が停止した。

⑦　電力復帰後も停電の混乱の中、冷却されず、約一〇時間放置された。

⑧　冷却されずに放置されたライン乳中でエンテロトキシンが産生された。

⑨　毒素を含むライン乳は四月一日付脱脂粉乳製造中に三回にわたり添加された。

以上、会社側では大樹工場のライン乳の処理に問題があり、ライン乳の配管内での約七時間の滞留とこれに引き続く停電事故が重層して、黄色ブドウ球菌の増殖を許したものと推定している。

ライン乳を添加した後については、次のとおりであるとしている。

①　ライン乳を殺菌前の脱脂乳へ添加

②　濃縮乳タンク（T900、T910）で希釈

③　エンテロトキシン濃度が徐々に上昇

④　噴霧乾燥

⑤　貯粉（サイロ二本）

⑥　排出、充塡

10　エンテロトキシン混入脱脂粉乳の流れ

会社側では、北海道公衆衛生研究所の調査結果を引用して、表8（五三ページ）のように示している。四月一〇日に、四月一日製の脱脂粉乳九三九袋のうちの四四九袋に脱脂乳一〇〇トンを加えて脱脂粉乳を製造した。

この部分の経過を会社側の資料では次のように記載している（雪印乳業一二月二二日報告書）。

「平成一二年三月三一日の停電を契機として工程中に残存していた乳において黄色ブドウ球菌が増殖し、エンテロトキシンが産生されていたが、これに気づかず、翌日の脱脂粉乳の製造においてこれを添加したことにより、四月一日製造の脱脂粉乳の一部にエンテロトキシンが混入した。

四月一日には脱脂粉乳が約九三九袋分製造され、うち八三〇袋が四月一日製造日付で充填されたが、残りは充填包装されたものの日付が捺印されないままにされた。同月四日、品質検査で一部のロットの製品において一般細菌数が社内規格を上回っていることが判明した。そこでさらに充填包装された製品の中から二三袋のサンプルを抜き取り、微生物検査を実施し、同月八日までに得た判定結果に基づき、前半四五〇袋までを合格品として製品計上し、残りを仕掛品として後日脱脂粉乳を製造する際に溶解添加することにした。

この仕掛品は、同月九日から一〇日にかけて溶解され、同月一〇日製造の脱脂粉乳の原料の一部にされた」

また会社側の一二月一六日の事故報告書では次のように書かれている。「残りの脱脂粉乳のうち四四九袋が溶解され、四月一〇日の脱脂粉乳に混合、添加された。これにより、四月一日製造脱脂粉乳に含有されていたエンテロトキシンAは四月一〇日製造脱脂粉乳の原料となった脱脂乳に混入、分散した。

四月一一日九時五分から四月一二日一時二〇分にかけて、この脱脂乳を原料として殺菌、濃縮及び噴霧乾燥が行なわれた。七五〇袋が四月一〇日製造脱脂粉乳として製品計上された。」

続いて、一二月二二日の報告書では

「同月一〇日製造の脱脂粉乳は八三〇袋分であり、うち七五〇袋が製品として出荷されたが、このときの出荷時点では、微生物検査合格品であった。そして六月二〇日、そのうち二七八袋が大阪工場に搬入され、低脂肪乳、飲むヨーグルト毎日骨太、飲むヨーグルト・ナチュレの原材料として使用され、今回の事故に至った」

以上の記載を北海道立公衆衛生研究所のデータと対比すると、四月一日製造の際の「一部のロットの製品において一般細菌数が基準を上回っていた」という、その一部のロット製品がどの生産袋に相当していたのか、さらに「一二三袋のサンプルを抜き取り、微生物検査を実施」した、そのサンプルはどの生産袋に相当するものであったのかが問題になる。図3は各袋でのエンテロトキシン濃度を示しているが黄色ブドウ球菌が増殖していたとすると三〇〇袋から五〇〇袋までの菌数は基準以下であったのかもしれない。四五〇袋までが合格品とされたが、残りの四五〇袋以下にはエンテロトキシンが濃厚に含まれていたことが図に示されている。

最終的に、四月一日製の脱脂粉乳は以下の箇所に各送付された。

①　八ケ岳雪印牛乳へ三六〇袋

②　神戸工場へ五〇袋

四月一〇日製の脱脂粉乳は以下の箇所に各送付された。

①　ヒューテックノウリン戸田へ四〇〇袋

②　大阪鉄道倉庫へ三一〇袋

③　日本通運帯広へ四〇袋このうち大阪鉄道倉庫から

(1)　大阪工場へ二七八袋

(2)　神戸工場へ三二袋

(3)　福岡工場へ四〇袋送付された。

実際に食中毒事故による苦情が発生したのは大阪工場製の低脂肪乳、ヨーグルトと神戸工場でこの脱脂粉乳を使用したと思われる製品であった。

しかし合同専門家会議では神戸工場製の場合にはエンテロトキシンによる食中毒であると判断することは困難である、としている。

八ケ岳雪印牛乳茅野工場製の乳飲料と発酵乳による苦情が七件あったが、合同専門家会議はエンテロトキシンによる食中毒と断定することはできなかった、としている。

福岡工場に送られた脱脂粉乳は乳飲料に使用されたが、苦情は報告されなかった。これらは他の原材料と混合希釈されたためであると考えられている。

大阪工場に送られた製品脱脂粉乳によって大規模なエンテロトキシンAによる食中毒が発生したことは明らかである。

雪印乳業の事故調査委員会も、この食中毒事故の原因については、最終的に、大樹工場の脱脂乳製造工程において、冷却循環ラインにライン乳が滞留し、ライン乳タンクへ混入した。この際に停電事故が発生し、ライン乳の冷却が中断し、黄色ブドウ球菌が適温で放置されたために、菌が増殖し、毒素が産生し、四月一日の脱脂粉乳を汚染した。この脱脂粉乳の一部(約半分)が溶解添加されて四月一〇日製造の脱脂粉乳となり、出荷されて大阪工場の低脂肪乳の原材料となったもの、と結論している。

11　事実関係をさらに明らかにしたい事項

(1)　合同専門家会議の報告書では、ロットナンバーや品質保持期限の記録等が示されているが、そのサンプルが何時製造され、どこで、どの期間、どのような条件下に置かれていたもの

図3　4月1日と10日製造の脱脂粉乳保存試料のエンテロトキシン濃度

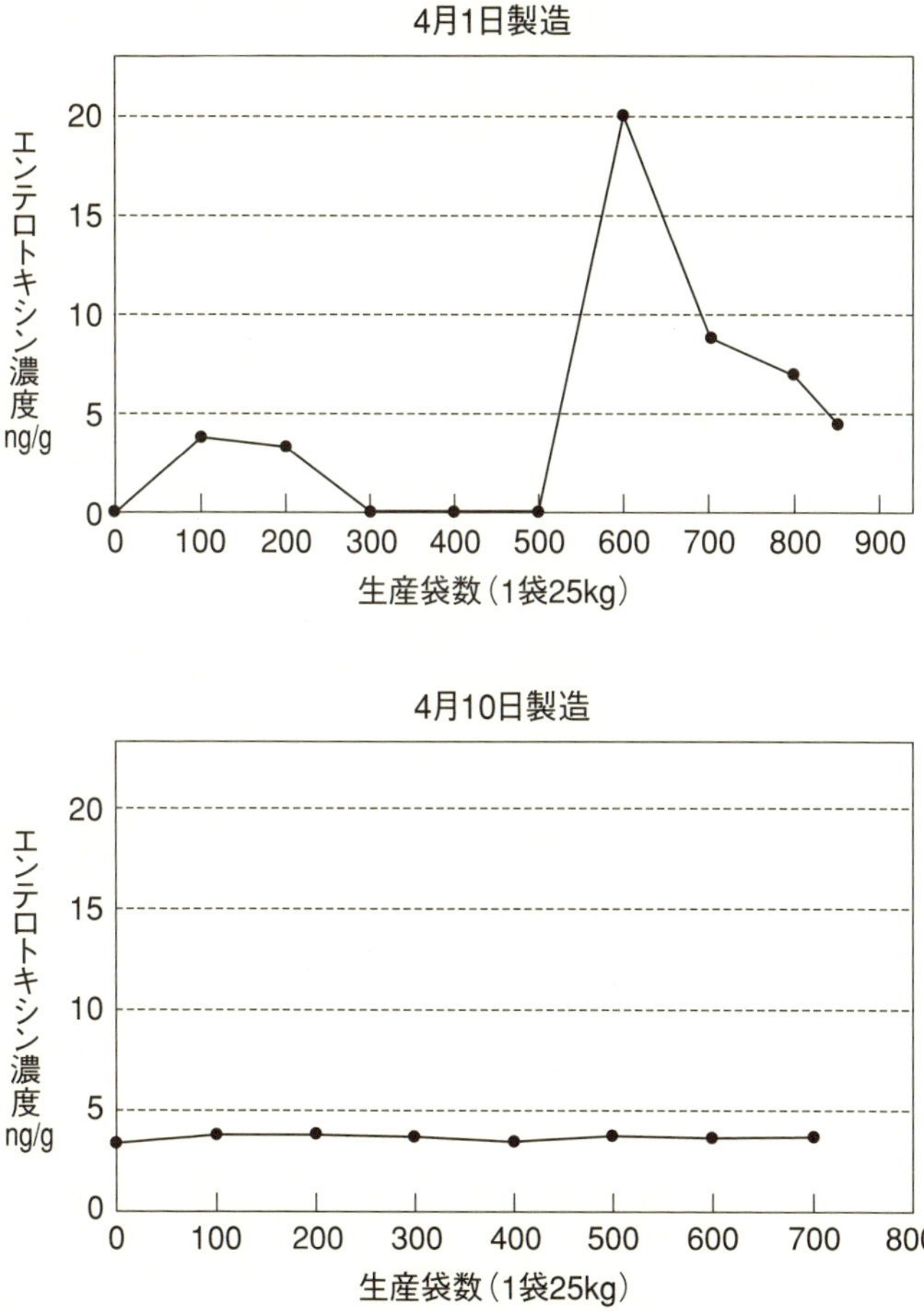

出所）北海道立公衆衛生研究所データ

を収去、ないし押収したものであるかの注記がなされていない。今後はこうした注記を明確に示すべきである。たとえば既存の報告書だけでは、大阪府警が大阪府立公衆衛生研究所に委託してエンテロトキシンを検出したという脱脂粉乳の保存サンプルの保管されていた状態や入手場所、入手条件、入手方法などが明確にされていない。

(2) 四月一〇日に製造された脱脂粉乳が大阪工場に入荷して六月二〇日以降に低脂肪乳の原料として使用されているが、この間の輸送、保管の状態はどのようなものであったのか。当初の、製造直後の毒性の自然減衰カーブはどのようなものであったのか。八月以降に北海道立公衆衛生研究所が収去して検査した結果が図3に示されているが、ここに見られるエンテロトキシン濃度は製造後四カ月後のものである。四月一日、一〇日の製造直後での、さらに二カ月半後の大阪工場で低脂肪乳が製造された時点での、脱脂粉乳中のエンテロトキシン濃度はどれくらいであったのだろうか。

もしも、四月一〇日に製造されたロット01007ACQの脱脂粉乳が、高濃度のエンテロトキシンを含んだ状態で、その直後に低脂肪乳などの原料として使用されていたならば、どのような被害を発生させていたか、慄然とさせられる。

七月二日時点での低脂肪乳中の濃度が実測されているが、低脂肪乳が製造された時点での、あるいは消費者によって実際に飲用された時点でのエンテロトキシン濃度はどれくらいであったのか、以上の点を明らかにするために、製造以後のエンテロトキシンの、五カ月にわたる脱

図4　エンテロトキシン濃度の減衰（概念図）

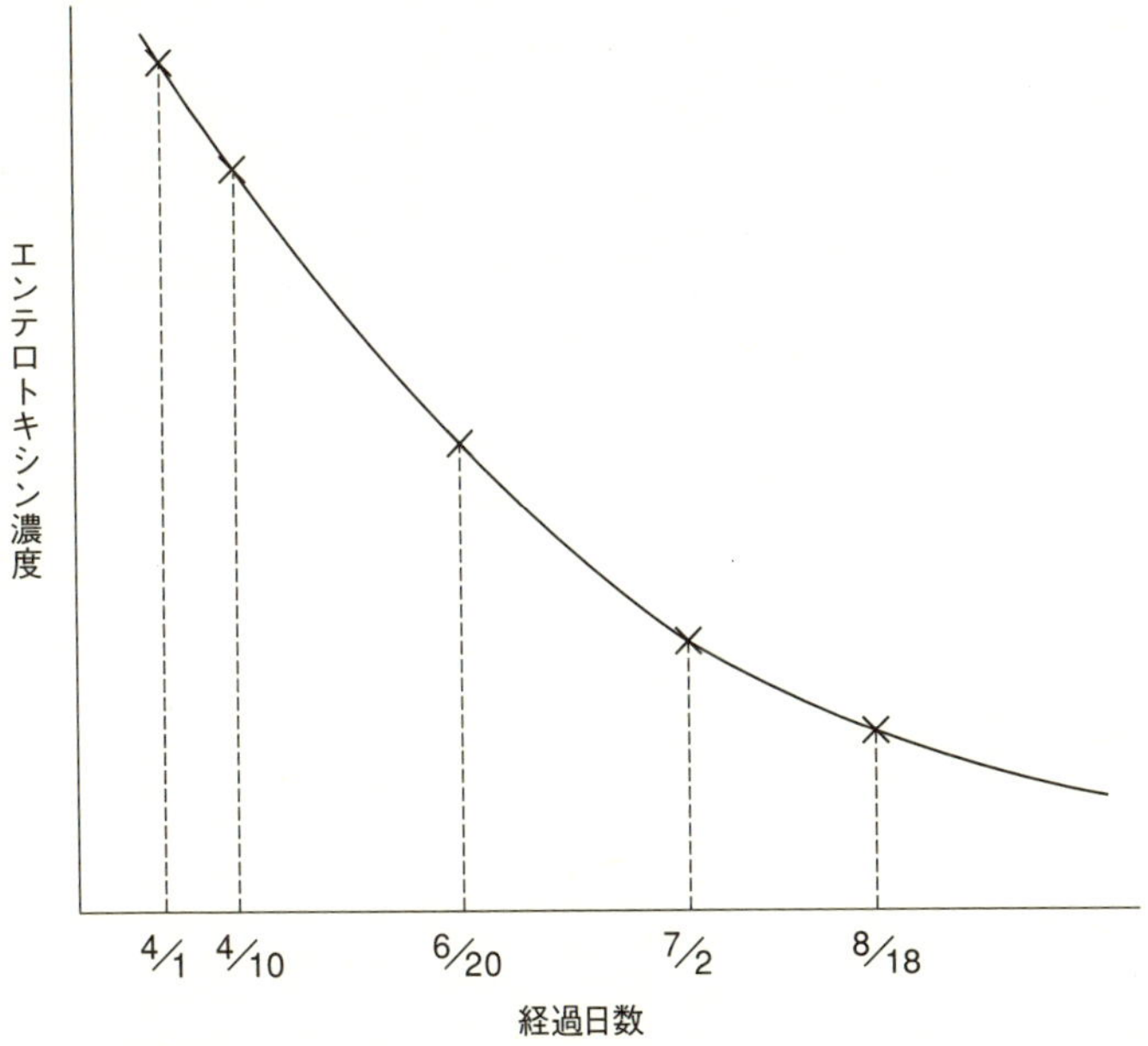

脂粉乳及び数日間にわたる低脂肪乳中での量的推移についてのシュミレーション実験が必要なのではないか。事件発生時点での発症量との関連性を推定する上でも、エンテロトキシンの産生から減衰にいたる動態は慎重に再検討されるべきである。このデータは今後のエンテロトキシン食中毒対策にも利用可能なはずである。エンテロトキシン濃度の推移を図４に概念図として示す。

(3)　大樹工場での四月一日製造の脱脂粉乳中に社内基準を超える一般細菌数が認められたあと、結局この製品が「再利用」

されているが、こうしたことは当時社内で日常的に行なわれていたのであろうか。臭いや色や味には全く異常はなかったのであろうか。基準オーバーのような事態を無視することが常態化していたとすれば、そのことが問題であることは言うまでもないが、基準オーバーのような事態がめったにないことであったとしても、このような再利用をあえてしたことは許されない。

実際、北海道立公衆衛生研究所が四月一日に製造された脱脂粉乳を検査した結果である表8において、袋番号ＳＭ六〇〇では一般生菌数が五六〇〇cfu／gと異常に高くなっている。これは停電事故以来四カ月以上もたってからのデータであることを考えると、脱脂粉乳製造当時の汚染レベルが非常に高かったことが容易に想像される。

また四月一日製造の脱脂粉乳を四月一〇日製の脱脂粉乳に混合添加した、というが、エンテロトキシン濃度は単純に希釈され、低下したと考えてもよいのであろうか。

大樹工場の担当者は異常な停電事故を認識しており、基準値を大きく越えた異常な細菌汚染の実態を認識していた。細菌や毒素の名称までは意識していなかったにせよ、一般的に細菌汚染による腐敗乳には耐熱性のタンパク毒あるいはトキシンなどの生物毒が含まれるという常識は持っていたはずであるから、明らかに事故の予見可能性があったというべきである。にも拘わらず、このような脱脂粉乳を再利用にまわしたのである。

また細菌数の基準オーバーの事実は、当時、工場長に知らされていたのか。どの職制のレベルの権限で再利用に踏み切ったのか、大阪工場などに出荷された場合に、停電事故、基準オーバーの製品を再利用して製造された脱脂粉乳であると言う事実は知らされていなかったのか、などを明らかにするべきである。

(4)　大阪工場で製造した低脂肪乳で食中毒が発生し、その原因がエンテロトキシンであったことが判明した七月の初旬の時点で、原料の脱脂粉乳を出荷した各工場、とくに大樹工場の関係者は、なぜ、独自に、大阪工場に出荷した該当する保存サンプルの脱脂粉乳の細菌、毒素検査を実施しようとしなかったのか、社内、工場内にそのような意見はなかったのか、再検査しようとする動きが見られなかったのか。あるいは真の原因が不明のまま、大阪工場原因説で乗り切れると考えていたのか。もしそうなら、これは非常に危険で問題のある対応であったといわねばならない。緊急にそうした措置をとらなかった会社幹部の責任が問われねばならないだろう。

もっと言うならば、雪印本社自体が各地のすべての工場に、大阪工場に出荷した原料関係の細菌、毒素関係の分析調査を指令するべきであったのではないか。

(5)　なぜ、事件発生から五〇日もたって、しかも大阪府警の強制的な立ち入りと証拠品の押収によらなければ大樹工場製の原料脱脂粉乳が原因であったことが判明しなかったのか、これほど遅れてしまったことの真の理由は何であったのか。大阪市保健所、会社双方には、その理由を具体的に示す責任があると思われる。

(6)　このような大事故の原因の究明にあたって、厚生労働省はもっと積極的に大阪市、会社側を督励（とくれい）、指導するべきではなかったか。

また大阪府警の刑事告発のための介入がなければ、真の原因が不明のままに推移していたかもしれなかったことについて、行政府の最高責任者としての厚生労働省および大阪市当局には責任が問われても仕方がないだろう。さらに、この点についての合同専門家会議からの適切な釈明があってもしかるべきではなかろうか。
(7)　ＨＡＣＣＰ承認工場でこのような大事故が発生したことについて、行政側では、再発を防ぐ為にはどのようなＨＡＣＣＰシステムの改善、補強を行なうべきであるのかを具体的に示さねばならない。

12　合同専門家会議報告書の結論

合同専門家会議では、この報告書のまとめとして、概略次のように記載している。
(1)　多くの有症者の潜伏期間が短く、嘔吐または嘔気（おうき）、下痢を主体としていること。多くの有症者が喫食した低脂肪乳から黄色ブドウ球菌の産生するエンテロトキシンＡが検出されていることから病因物質は同毒素と判断される。
(2)　原因食品については、雪印乳業大阪工場で製造された「低脂肪乳」に加えて、エンテロトキシンA型が検出された「のむヨーグルト毎日骨太」「のむヨーグルトナチュレ」も疑われる。

(3)　雪印乳業大阪工場での調査の結果、六月に同工場で使用された脱脂粉乳のうち、同社大樹工場で製造した脱脂粉乳の特定のロットからのみエンテロトキシンA型が検出され、このロットの脱脂粉乳が「低脂肪」、「のむヨーグルト毎日骨太」、「のむヨーグルトナチュレ」に使用されたことが確認または推定されたことから、この脱脂粉乳が食中毒の原因であったと判断される。

(4)　大樹工場の調査の結果、四月一〇日製造の脱脂粉乳製造時に再利用された四月一日製造の脱脂粉乳の製造過程において発生した停電の際に、生乳中または製造ラインに滞留したライン乳中に由来する黄色ブドウ球菌が増殖し、エンテロトキシンA型を産生したと考えられる。

(5)　黄色ブドウ球菌のエンテロトキシンA型産生は、クリーム分離工程または濃縮工程のライン乳タンクで起こったと考えられる。これらの工程における汚染原因については前者が、増殖要因については後者が合理的な説明が可能であるが、調査において確認された事実からはこれ以上の解明は困難と考える。

なおこの報告書の「おわりに」は次のように記載された部分がある。

「本食中毒事件の調査において、原因食品の汚染源となった脱脂粉乳の製造工程の黄色ブドウ球菌の増殖に係る要因が推定されたことから、類似の食中毒事故の再発を防止するため、衛生基準の策定、HACCPの導入等の措置を講ずることが必要と考えられる。
一方、本食中毒事件の原因企業である雪印乳業株式会社は、事件公表の遅延による被害者の増加、大阪工場及び大樹工場におけるずさんな衛生管理、製造記録類の不備等の食品製造者として安全性確保に対する認識のなさを猛省する必要があり、安全対策の基本部分からの再構築が強く望まれる」

【注】

1 低脂肪乳：牛乳の脂肪含有量よりも脂肪分を少なくした加工乳で、脱脂粉乳などを原料としてつくる。
2 大阪工場：平成一三年一月三一日に閉鎖された。
3 エンテロトキシン：黄色ブドウ球菌の産生する毒素。A、B型がある。エンテロトキシン産生遺伝子：エンテロトキシンをつくる遺伝子。
4 脱脂粉乳：牛乳から脂肪分を除いて粉末化したもの。

第2章　雪印乳業はどう対応したか

1　歴史的な事故体験の風化

雪印乳業は今回の事故後の調査報告書の中で、自ら、自社が四五年前に、今回と全く同様なエンテロトキシン食中毒事件を発生させていた事実を明らかにした上で、その教訓を重く受け止めていなかったことを深く反省している。

すなわち、一九五五年（昭和三〇年）二月末、それまで給食に使用されていたアメリカ製脱脂粉乳の輸入が途絶えがちであったために、都教育庁では、はじめての試みとして国産脱脂粉乳の使用を計画し、雪印乳業製の二八ポンド缶を多量に購入して学校給食現場に配布した。アメリカ製脱脂粉乳の在庫のある小学校を除き、数校で二月二八日から三月一日にかけて、この製品を給食用に使った。三月一日、カレー汁とパン、ミルクを給食した江東区二葉小学校で、低学年児童が帰宅し始めてしばらくしてから、各学級とも激しい腹痛、嘔気を訴えるものが続出して校医の診察を受けた。校医はこの事件を校長に伝え、夜間になって区教育委員会に通報して、調査が開始された。

始めはカレー汁食中毒の疑いとして本所保健所に届け出があったが、その後の調査によってミルクが原因食材であることが推定された。一日夜までに二葉小学校の患者は約五〇人になっていた。

この報告から都教育庁は各区小学校での発生調査を開始して、一日に練馬区ほか五区にわたる七小学校、二日には板橋、大森各区の二小学校で同様な食中毒が発生していることを知った。最終的に九小学校、摂食者九八九五人中一九二四人の学童が発病、その他にも一二人の患者があり、国産脱脂粉乳による食中毒は一九三六人に達した。教育庁は直ちに同製品の使用禁止を指示し、脱脂粉乳二四検体について菌検索を行ない、いずれの缶からも黄色ブドウ球菌をグラムあたり数十万検出して、ブドウ球菌食中毒と判定した。これらの菌は血液凝固能、エンテロトキシン産生能を有することが証明された。

中毒症状は、嘔吐、腹痛、下痢がもっとも多く、嘔吐回数四回以上のものも相当数みられた。潜伏期間は二葉小学校の場合、五ないし六時間のものがもっとも多かった。

脱脂粉乳のブドウ球菌汚染の機序については北海道庁を中心とする調査研究会があたったが、結論として、北海道山越郡の雪印乳業八雲工場での脱脂粉乳製造当時、停電等の事故が原因となり、原料乳ないし半濃縮乳が粉化前、高温で長時間保存されたためとされた。

行政措置としては脱脂粉乳が原因であることが事件発生後間もなく確定的なものとされ、同一製品を配布した六五五校、五三六〇缶（二八ポンド入り）の大部分を回収し、廃棄または飼料への転用を決定してその処分を終了した。

当時の文献には、次のように記載されている。

「乳製品中衛生的に安全度の高い食品として考えられていた粉乳から、このような大規模なブドウ球菌食中毒の発生は他に例がなく、食中毒史上正に一頁を画すべきものであり、その後のわが国の製乳工業のあり方、衛生管理面に多くの示唆と教訓を与え、かつ翌一九五六年プエルトリコにおいて同様の事件発生をみたことが、乳、乳製品の衛生に対する業界、消費者、衛生関係者の関心を一層高めることになった」

以上は『食品衛生学雑誌』第一巻第一号（七〇頁）および山本俊一編『日本食品衛生史（昭和後期編）』（一二三一〜一二三三頁、中央法規、一九八一年）からの引用による。

北海道の雪印乳業の工場での、停電、脱脂粉乳による事故といい、黄色ブドウ球菌、毒素エンテロトキシンの産生による事故といい、事態が今回の食中毒事故と酷似していることに驚かされる。四五年前のこととはいえ、雪印乳業がこの事故の教訓を肝に銘じて、今日に生かしていたならば、と誰しも考えないわけにはいかないだろう。

ちなみに、あまりにも有名な森永乳業による砒素ミルク事件は同じ年の七月二三日に発生している。

2　会社側の事故報告の概要

雪印乳業では平成一二年一二月二二日付けで「大阪工場低脂肪乳等による食中毒事故について」と題した報告書を公表した。

その「始めに」の部分には、「当社自身の手によりその原因及び経過を明らかにし、二度と再びこのような事故を引き起こさないようにするために、社内に事故調査委員会を設置し、事故原因の究明等につとめていたが、本書は、その調査結果を取りまとめたものである。」とある。

(1)　事故の概要についての記載

この部分は、大略、第一章の行政側の専門家合同委員会の報告書で示されたものと一致している。そして最終的に、発症者数を厚生労働省の九月二〇日の発表と同じ一万四八四九名（うち受診者数五四一三名）としている。またエンテロトキシンが検出されたものは、低脂肪乳（品質保持期限が六月二八日から七月四日）、飲むヨーグルト毎日骨太（品質保持期限七月一三、一四日）、同飲むヨーグルトナチュレ（品質保持期限七月一三、一四日）であって、一時相当数の有症者が存在すると報じられた毎日骨太、カルパワーからはエンテロトキシンは検出されていない、としている。

(2) 事故の原因について

「事故発生直後は、原因として大阪工場の工程中の衛生管理を問題としたが、大阪工場の工程においてエンテロトキシンが産生された箇所が確認できなかったこと、大樹工場において産生されたエンテロトキシンの量が今回の事故を引起すに十分な量であったと思われることから、大樹工場の脱脂粉乳が事故の原因であると判断したものである」。

事故原因についても、合同専家会議の報告書とほぼ同じ内容になっているが、雪印乳業の心情を滲ませた部分も認められる。たとえば、

食中毒の発生に関して「情報が当社に連絡された以後の当社の対応にも不十分な点があり、結果として多くの被害者の方を生じさせ、当社ブランド全体に対する不安感を惹起してしまった」と記している。

(3) 大樹工場でのエンテロトキシン産生のメカニズム

合同委員会の報告書とほぼ同様な内容になっているが、具体的には、復旧作業のための約一時間の計画停電が行なわれた時点で、「脱脂粉乳の製造はすでに終了していたが、生乳分離工程において約三時間三〇分、脱脂粉乳製造の際に回収されたライン乳のタンクにおいて約一〇時間にわたって乳が十分な温度管理がなされないまま滞留していたこと、及び濃縮乳タンクが約

二一時間連続使用されていたことなどが判明した」

エンテロトキシンの産生の可能性については次のように記している。

「濃縮乳タンクでのエンテロトキシン産生の可能性は低いとの結論に達したが、生乳分離工程及びライン乳タンクについては、いずれの箇所に黄色ブドウ球菌が爆発的に増殖しエンテロトキシンを産生するにいたったのか断定するには至らなかった」

「ライン乳タンクについては、製造された脱脂粉乳中のエンテロトキシンの量的変化については説明し易いものの、初発菌の由来が不明であるとの難点があり、他方生乳分離工程については、滞留時間がやや短く、エンテロトキシン産生に至る状況にあったか疑問が残るが、必ずしもその可能性を否定しきれないため――」

合同専門家会議の報告書で、汚染は分離工程で、増殖はライン乳タンクで起こったとの合理的な説明が可能であるが、調査ではこれ以上の解明は困難である、としたのとほとんど同様な見方をしている。

(4) 問題脱脂粉乳の流れの追跡について

エンテロトキシンに汚染された脱脂粉乳の流れについて、会社側では具体的に、第一章の一〇(六七頁)のように示している。

(5) 大阪工場における製造工程の問題について

大阪工場は結果的にエンテロトキシンの産生には関係がなかったことが明らかになったが、次のように記載している。

「しかしながら、大阪工場の衛生管理の実態が非難を受けるべきものであったことは否定できず、記者会見において工場長がチャッキ弁の汚染に言及したこと、スワブ検査の結果の仮判定で黄色ブドウ球菌が発見されたと発表したことなどとあいまって、大阪工場の衛生管理の問題点がクローズアップされ、結果として事件の真の原因の追及を遅らせてしまった」

「また大阪工場において、製品の再利用が問題にされた。当社では従来、充塡後も当社の温度管理下にあるものは、仕掛品として原材料の一部として使用して来たが、店頭からの返品を再利用したかのごとく受け止められ、さらに大阪工場のみの問題であるが、品質期限切れのものも一部再利用していたことが明らかになった。再製添加時に品質確認をし、殺菌工程を経るとはいえ、このような行為が当社製品の品質に対する信頼を失墜させたことは疑いない」

以上の記述によれば、雪印乳業は、一般に言われているような店頭からの回収品を再生利用していたことは認めていない。また品質期限切れのものを一部再生に回したことは認めているが、そのような商品をどのように集荷してきたか、搬入後に開封、回収した方法なども具体的には示していない。

加工乳から加工乳への再利用については、乳業界では「当然許されると考えていた」ので雪印乳業もそうしていたことも記述しているが、乳等省令の解釈が問題になるとすれば、この事態を知っていながら、長期間黙認していた当時の厚生労働省のあり方も批判されねばならないだろう。

(6) 事故原因特定までの問題について

雪印乳業は原因追求の過程で幾多の失敗があったことを記している。たとえば、大阪工場に入荷した脱脂粉乳の記載が磯分工場製であるとの日報の記載ミスがあった。また品質保証部分析センターで大阪工場製品の原料となった可能性のある脱脂粉乳についてエンテロトキシン検査を行なったが、このなかに四月一〇日製造分の大樹工場製の脱脂粉乳一袋が含まれていたにもかかわらず、すべてが陰性であるとの結果を出した。すなわち分析技術が十分でなかったことも認めている。これはわが国を代表するトップ企業の品質管理の水準としては極めて遺憾な事態であったといわねばならない。入荷過程での日報記載が杜撰であり、汚染追及の技術レベルが信頼しがたいとなれば、結果的に今回のような事故に際しての危機管理が不可能になるのは当然のことである。乳製品による食中毒の疑いがある場合には常識的に、有毒化学物質や生物毒素の所在を早期に疑うべきであり、会社自身の分析によって、もしも六月二八日時点でエンテロトキシンが検出されていたならば、被害は最小限にとどめることも可能であったに違いない。

実際には製品の低脂肪乳から、六月三〇日、和歌山市衛生研究所の遺伝子検査によって、また七月二日になって、大阪府公衆衛生研究所によってエンテロトキシンA型が検出され、さらに八月一八日になって、大樹工場製脱脂粉乳からエンテロトキシンAを検出したことを大阪府警から通報されたとの大阪市の公式発表があるまで、原因は全く闇に包まれたままになっていた。

当事者の企業側こそが原材料や製造工程に関する情報をもっとも豊富に所持しているのであって、大阪工場での以上のような会社側の幾重にも重なった失態が大きな混乱を招くことになったのは当然のことである。

なお食中毒事件に際して原因追及を行なう場合、原材料を疑うのは常識であり、七月二日に製品でエンテロトキシンA型が検出されているのに、それから五〇日も遅れて、大樹工場製の脱脂粉乳を大阪府警が刑事告発のために押収して、その分析を大阪府立公衆衛生研究所に依頼してから、始めてエンテロトキシンA型の汚染が明らかになったという点についての反省が会社側の報告書には見当たらない。これはわが国乳業界のトップランクにあった企業としては極めて理解しがたいことである。

(7)　苦情発生後の対応について

詳細は時系列的に、第一章に示したとおりであるが、最も問題になるのは、肝心の初発時点の六月二八日に、札幌での会社役員たちが事態を楽観視していた理由が次のように記されている点である。

「六/二八　一八・〇〇頃から札幌にて関係役員で打ち合わせが行なわれ、苦情情報の確認と対応について協議がなされた」

しかしこれがはたして「打ち合わせ」が出来たような現場での会合であったかどうかに疑問がある。後日の新聞報道によれば、この時点で役員たちは札幌ススキノのスナックで株主総会の慰労会の最中であったという。「グラス手に『大したことない』」という、ある新聞記事の表題はこのときの幹部たちの危機認識の程度をよく示している。酒席の場では、まともな協議ができるはずがなかったのである。

「この時点での苦情情報は七件あり」と記しているが、「下記の理由により製造工程に原因があるとの判断には至らなかった。」と弁解している。

「①　大阪工場で低脂肪乳を一日約七万本生産している中での苦情であること

②　苦情の発生した低脂肪乳の品質保持期限がバラバラであること

③　苦情の発生場所もバラバラであること

④　製造後三ないし四日を経てから発生していること

⑤　大阪工場での出荷時検査では異常が見られなかったこと」

しかし、第一に、前記したように、役員たちが、以上のようなもっともらしい判断が下されるような協議の場にいたわけではなく、「打ち合わせ」とか「協議」の結果などといえるような状況ではなかったのではないか。

第二に、一日七万本の生産だから七件くらいの苦情は大したことがないというのは、食中毒の発症率が非常に低く出る、という常識を無視するものであり、さらに七件は初発の苦情件数であって、今後さらに増加する可能性があることについての、常識的な認識がなかった、あるいはあえて事態を無視した、ことを意味している。この後社長が空港で、初発七件の食中毒を知らされたが、社長も食品メーカーの責任者として、この七件の初発食中毒報告から、その後の事態の発展を予測、予見することができたはずである。そして緊急に対策を講じるべきであった。後日社長と専務が予見不能であった、ということで、不起訴処分になったのは、極めて不当なことであった。

第三に苦情の発生した低脂肪乳の品質保持期限が「バラバラである」のは、同一原料からの製品であっても、最終製品が複数種類ある場合には品質保持期限の記載が複数種類あって、複数のロット番号が打たれることがあるのは当然である、という認識を欠いていた、あるいは無視した、ことを示している。

第四に、苦情の発生場所がバラバラであるのは広範囲に販売されている製品の場合には当然のことである。

第五に、製造後三ないし四日を経てから発生している、というが、製造後消費者が飲用するまでの時間が三ないし四日での発症を問題外だ、長すぎるなどとするのは誤りである。まして苦情の初発は二七日の午前一一時二九分であったことは出荷後飲用してすぐに発症している事例があるという事実を示していたのである。

第六に、出荷時検査での検査項目には異常がなかった、というが、規定の検査項目にはエンテロトキシンなどの有害物質についての検査結果が含まれていないという、乳業界の常識さえも持ち合わせていなかったことは明白である。

「製造工程に異常があるという判断には至らなかった」という役員たちの危機管理認識の甘さは批判されてしかるべきである。

なお会社側の報告書には触れられていないが、報道によれば、二八日の二一時一五分に、大阪工場の幹部は独断で、保健所に、会社側の苦情受付内容を記した書類をファックスしたために、下野前工場長から厳しく叱責されたという。この事実はすでにこの時点で工場側の幹部職員一般には、直ちに回収や社告の必要があるという、自社が引き起こした食中毒事故の重大性に関する認識、さらに対策が遅れた場合には被害が拡大するということの予見性が十分に存在したことを意味している。工場長や会社幹部はそのような客観的な認識や普遍的な予見性があることを知りながら、会社幹部の都合で、対応を怠ったことは明白である、といわねばならない。事実上、一般には生鮮食品に準じるような見方がされている低脂肪乳などの乳製品にとって、わずか一、二時間の対応の遅れであっても、被害の拡大にとって決定的な意味があったものと思われる。

本来ならば、二七日午前一一時に最初の被害情報が入った後、雪印乳業では行政側と連絡をとり、当該同一の低脂肪乳を購入、飲用したと思われる、販売店の顧客モニターリストから選んだ消費者に対して、積極的に体調の異常の有無について問い合わせを行なって、一刻も早く事態を把握するべきであった。そうしておれば、二七日の夕方から夜にかけて事態は相当に明確になり、企業側、行政側ともに対策がとりやすくなったものと思われる。

このような初動調査の方法については、今後とも関係者によってさらに研究されることが望ましい。

⑻　回収、社告の要請への対応

大阪市保健所からの食中毒の事実の公表と回収が求められた件については、合同専門家会議の報告書では、次のように簡潔に記載されている。

「六月二八日に製造自粛、回収、事実の公表を指導し、六月二九日に本事件の発生を公表、六月三〇日に回収を命令した」

これに対して、会社側の報告書には、第一章の一の経過に示したように詳しく記載されている。

要するに、原因不明のうちに、①お詫びの広告を出すのは納得できない、②根拠に欠ける社告内容ではかえって混乱する、というのが会社側の引き伸ばしにかかった論理であった。

実際に各報道機関の記事、ニュース等が流れたのは三〇日の朝になってからであった。

以上の時間的な経過は消費者の立場から言うと、最初に雪印低脂肪乳を飲んだ子供が嘔吐や下痢を訴えたのが二六日正午頃、病院から保健所に連絡が入ったのが二七日の午前一一時頃であったから、情報の開示が非常に遅延していたことになる。会社側が保健所への返答で「原因不明のうちにお詫びの広告を出すべきかは、にわかに納得できない」としたことに象徴されているように、消費者被害についての認識が希薄であったことは明らかである。製品による被害の発生については原因物質や原因細菌が不詳であっても、製品と被害の間に因果関係があると認められる場合には、その製品の流通、販売を緊急に停止して、回収を行なうとともに事態を消費者に通告するのは常識でなければならない。場合によっては数十万人の消費者が飲用して被害にあうかもしれない製品であることを知りながら、しかも購買されてから消費、飲用される期間が非常に短い商品である乳製品であるというのに、雪印乳業が取った対応は極めて遅く、不適切であったといわざるを得ない。

もしも、大樹工場で製造された問題の脱脂粉乳01007ACQが大阪工場に出荷されたあと、高濃度のエンテロトキシンを含んだ状態で、もっと早期に低脂肪乳の原料として使用されていたならば、あるいは多数の死者を出すような事態を招いていたかも知れないのである。雪印乳業にとっては四月一〇日に製造されたあと、六月二〇日までこの脱脂粉乳の使用が遅れたことは幸運であったとしか言いようがない。

保健所からの勧告を受けて以後の社内的な連絡、対応も支離滅裂であった。どのような場で論議され、いかなる段階で決済されたか、本当に社長の判断、決済がなければ社告ができない仕組みであったのか、今後さらに細部の事情が明らかにされる必要があるだろう。

他方で、公表手段がはたして新聞紙面での社告以外になかったのか、についても反省するべきである。記者会見以外にも方法はありえただろう。新聞の枠取りに手間取るなどということは許されない。会社独自の公表手段は今日的なＩＴ技術などの活用や販売店のネットワークをとおしてのファックス通報など多様にありえたはずである。食中毒の原因食品が消費者の手元にすでに渡っている場合には、あらゆる手段を講じて、社告を迅速にメディアに乗せて、使用の中止を勧告し、回収を懇請するしか方法はなかったのである。「広告代理店との打ち合わせ」とか「新聞の枠どり」などといっておれる余裕はなかったのである。

連絡手段といえば、最も不可解なのは、社長が連絡をうけた時点が六月二九日の朝、空港においてであった、ということである。事件発生のあと、いったい社長はどこにいたのか、なぜそれまで連絡がつかなかったのか。直通の携帯電話さえ持たされていなかったのか、「千歳空港にいた社長に」、始めて「苦情を伝えた」、このような、やっと伝えることができたといわんばかりの会社側の記載には全く驚かされる。本来、社長とは、苦情を伝えられるだけの存在であって、その場で直ちに決裁を求められるべき最高責任者ではない、というのであろうか。

おそらく、以上のような結果を招いたことには、業界トップ企業としての面子へのこだわりや、社内的な幾多の複雑な事情が絡んでいたものと推察されるが、何よりも消費者、さらに被害者優先の理念が欠落していたものと断定せざるを得ない。

一般の食品関連企業としても、この点は、まさしく他山の石として大いに自戒するところでなければならない。

3 過失、怠慢、問題とされる事項の要約

多数の消費者を発症させることになった、そしてわが国の乳業界のみならず食品企業の信用を内外に失墜させることになった、この事件での雪印乳業の失態は正確に指摘されねばならない。類似の事件の再発を防止するためにも、事実の記録から学ぶべき教訓を正しく受け取らねばならない。雪印乳業の過失、怠慢、あるいは問題とされる事項を要約すると以下のとおりである。

(1) 食品衛生、品質管理意識の欠如
(2) 過去の事故体験の風化、教訓の無視
(3) HACCP方式への認識不足と届け出義務の不履行
(4) 検査能力の低調
(5) 行政側の検体収去への非協力
(6) 品質管理体制の不完全性

(7)　行政側との日常的な連携の不足
(8)　行政側の勧告の軽視
(9)　情報処理と管理能力の不足
(10)　情報公開への無関心
(11)　権限と責任のあいまいさ
(12)　合議、決裁機能の不完全性
(13)　社長、役員の危機意識の欠落
(14)　危機管理体制の欠如
(15)　職員に対する基礎的教育、訓練の不足
(16)　消費者優先意識の欠落

雪印乳業の経営理念は「生命の輝き」であるという。今回の事件はこの社是と現実との余りにも大きい落差から発生したということができる。

4　雪印乳業の反省

雪印乳業の報告書では、つぎのようにまとめられている。

「本件においては、事故直後の対応において、社内の情報伝達・確認にてまどったこと、原因

が不明であることにとらわれ、既に販売されたお客様の手元にある製品にまで考えが至らなかったこと、保健所の要請の履行のみを考え、社告掲載以外の告知手段に思いいたらなかったことなどにより、結果として製品の回収とお客様への告知の間にずれが生じてしまい、多くのお客様に非常な苦痛を生じさせてしまった。

当社としては、これを真摯に受け止め、二度と再びこのようなことをおこさないよう、全社をあげて改善に取り組み、お客様の信頼を回復致したい」

雪印乳業では、前項に示したような、過失、怠慢、問題事項を克服するためには、ここに書かれているような反省では不十分である。組織、体制を改変する以前に、食品関連企業としての意識、倫理、モラルを徹底して再構築することが必要である。とくに社長、幹部役職員が猛省することが求められている。

記者会見の席上で石川社長が記者たちの執拗な追及を避けるために「私は一睡もしていないんだ」と叫んだことが大きく報道されていたが、それは事故発生後、関係者が必死の思いでいた、その三日間も全く連絡が取れないところにいた、会社を代表する社長の発言とは思えなかった。とくに、当時、病床にいた被害者とその家族たちがこの心無いことばをどのように聞いたか、雪印乳業の関係者は自ら恥じねばならない。

雪印乳業は報告書のまとめの中で、四五年前に今回と同様の黄色ブドウ球菌が産生する毒素による食中毒事件を経験していながら再び事故を起こしたことを自ら明らかにして陳謝している。そして今回の食中毒事件が効率性追求のあまり最優先されるべき品質管理を軽視した結果によるもので、いつしか変容した、そのような企業体質が被害の拡大を招いたことを認めている。そして最後に次のように述べて報告を締めくくっている。

「生命の輝きを経営理念とする当社は、今こそ、お客様のためにあるべき企業の姿にたちもどり、三度、このような事故は絶対に起すことのないよう全役職員が胸に深く刻み込むことを誓うものである」

普通は「再び」このような事故は起こさない、というべきところを、あえて「三度」といわねばならなかったところには、会社側の苦渋がありありと読み取れる。

しかし、その翌年の一月に発覚した雪印食品牛肉表示偽装事件こそは、まさしく「三度」、同じ雪印グループによって引き起こされた不祥事であった。

5　雪印乳業の事件後の対応と再発防止策の公表

雪印乳業の報告書には「会社に対して寄せられた消費者からの苦情の総数は三万一〇〇〇件をこえた。平成一二年一二月一二日現在での企業の担当者の顧客へのお詫びと治療費の支払いのための訪問回数はのべ約三万回、電話回数は約二万四〇〇〇回、六月三〇日から八月三一日までの間、顧客への対応のために関西地区に応援に赴いた従業員数はのべ一万二〇〇〇人に上った」と記されている。

また「継続的にケアすべき顧客のために『お客様ケアセンター』を設置して担当者を常駐させて、医師、カウンセラー等の専門家の協力を得て対応した件数は平成一二年一二月一一日現在、一〇二件であった。その多くは妊娠中、高齢ということで、定期的にケアを行なった」。

「一二月二二日付けで雪印乳業は大阪工場の廃業届けを大阪市保健所に届け出する予定であることと大阪工場の廃業届の提出に伴い、営業の権利も返上した。また大阪工場は平成一三年一月三一日をもって閉鎖することに決定した」と書いている。

再発防止策として、表9のような施策を公表したが、この件についてはつぎのようにのべている。

「食品を扱う企業として何よりも優先しなければならない品質管理が徹底していなかったことを深く反省し、食品衛生法、ＨＡＣＣＰプランはもちろん、社内基準を厳守し、社会の信頼にこたえられる組織風土にあらためるべく、現在、倫理憲章、行動基準の制定を準備中で、これを実践するとともに、さらにすべての工場について以下のような再発防止策を実行している。

① 商品安全監査室の権限を強化し、不備を指摘した事項に対して改善命令を発令させると同時に、必要に応じ予算措置をおこなう。

② 工場の衛生管理を強化、充実させるためのマニュアル版の整備、策定と、日報（記録）の見直しを行なうとともに、専門チームを作り、従業員の衛生教育を計画的に実施する。

表9　雪印乳業の再発防止策の一覧

対　策	主 な 内 容	目　的	実施状況
1. 企業風土改革	従業員の責任ある行動を徹底するために、企業行動憲章を制定	風土改革	推進中
2. 商品安全監査室設置	①社長直轄で品質及び工場の状況を直接監査 ②検査方法等のアドバイスを受けるため社外有識者を2名招聘 ③市乳全工場（含関連会社）の監査・改善指示 ④脱脂粉乳全9工場の監査実施 ⑤工程内滞留乳など問題になった個所のマニュアルの改善	工場監査	実施済
3. 工場の衛生教育実施	食品衛生とHACCPの教育を見直し、本社での集合研修や工場での研修を充実させた。一部工場では地元保健所から講師を招聘	再発防止（教育）	実施済
4. 検査体制の充実強化	①黄色ブドウ球菌検査実施対象の拡大 ②自社全33工場、分析センター及び関連会社7社において毒素（エンテロトキシン）検査機器を導入	品質検査	実施済
5. 要改善ラインへの設備投資	監査（行政及び当社）により改善すべきと指摘されたラインの設備改善	再発防止（設備）	実施済
6. 品質管理要員の強化	工場品質管理室　25名増員	品質検査	実施済
7. コミュニケーションセンター設立	①お客様情報の迅速な収集と早期対応を目的に12月25日からスタート ②情報の迅速なフィードバックによる品質事故削減 ③365日無休、9時～19時受付 ④お客様情報と商品改良・新商品開発との連動	異常品発生時対応、情報収集	推進中
8. 異常品発生時の連絡体制見直し	①異常品発生時の連絡、対処の意思決定者の徹底 ②経営トップまで迅速に報告がいく体制の構築	異常品発生時対応	実施済
9. 食品衛生研究所（仮称）設立	食中毒メカニズムの研究、衛生教育・研修の実施、研究成果の社会への還元	衛生研究	推進中

出所）雪印乳業KK

③　エンテロトキシンの検査機器を全工場に導入し、製品出荷検査のみならず、工場検査にも活用し、安全性確認の検査体制を強化する。

④　設備上の不具合箇所及び人的な判断誤りを誘引する箇所等については設備的な改善を計画的に行なう。また、突発的なトラブル時の異常を解明するために温度記録管理システムの充実を図る。

万一出荷後に被害が発生した場合に備えて、三六五日苦情をフリーダイヤルで受け付けるコミュニケーションセンターを開設するほか、被害の拡大に備えた社内体制を構築し、その責任権限を明確にするべく、組織体制の見直しを行なっている」

表9などで示された改善策は非常に慎重に考慮された模範的な内容になっているが、これが今後どのように実践されるかに注目したい。同時にこの事件をきっかけとして、関連乳業各社がどのような対策をとるかに関心が持たれている。その実はHACCP承認企業でありながら、品質管理の実態が雪印乳業と大同小異であって、いつ事故をおこしても不思議でないようなメーカーがなかったとは限らない。この機会に各社は社内に事故点検委員会を設置して、品質管理のあり方を厳密に洗いなおすべきである。そして今回雪印乳業が公表したような改善策に比べても見劣りのしないような施策を実施することが求められる。

その後の雪印乳業は「消費者の声を聞こう」とする活動を展開してきた。失われた消費者の信頼を取り戻すために、役員、全従業員が消費者や取引先の意見に耳を傾ける「ボイス活動」を開始した。また全工場を見学可能の状態にして、製造過程をガラス張りにして、なんとか改善姿勢を示してきた。

雪印乳業は二〇〇一年三月期の売上高が前年より三四％も落ち込み、五一六億円もの最終赤字を計上した。特に牛乳を中心とする市乳部門の売上高は半減して業界トップの座をおりた。人員整理では二〇〇〇年九月に一〇〇〇名が希望退職した。事件前に二一あった牛乳、乳製品製造工場も〇二年三月までに一二工場に削減される。

今後、営業不振、経営悪化のさなかに、事件の被害者に対する賠償責任を果たさねばならない。民事裁判が提起されて被告として対応せねばならない。刑事裁判の被告としても法の裁きを受けねばならない。杜撰な安全管理のつけがいかに大きいかを今後いっそう身にしみて感じるようになるだろう。

雪印グループには、この事件をきっかけとして、職場をあげての企業倫理の確立や社内規律の厳正化が求められたことはいうまでもない。

しかし残念なことにこの企業の体質は全く変わらなかった。翌二〇〇二年の一月には、同じグループの最有力企業である雪印食品によって、史上空前といわれるような、消費者に対する最大の裏切り行為である表示偽装事件が発覚することになる。

第3章　食品衛生行政はどう対応したか

この章では、現場での対応に当たった、主として大阪市の保健衛生当局と保健所の活動について検討を加える。

1　保健所での食品衛生行政の位置付け

全国各地の保健所では、次のような業務を担当している。

① 保健衛生の危機管理
② 環境衛生、食品衛生、環境保全の監視指導、許可等
③ 保健衛生情報の収集、分析、調査研究
④ 結核対策、感染症対策
⑤ 栄養、食生活関係事業
⑥ 公害保健事業
⑦ 難病対策

⑧　母子保健に関する各種公費負担の実施
⑨　医療指導事業

このうち食品衛生行政に関連するものは、①、②、③などであり、②では飲食店、食品製造施設、大型調理施設、輸出食品取扱施設などについての許認可、指導、監視などが行なわれる。③も日常的な調査、研究、技術水準の維持、向上のために重要である。

食品衛生監視員は主として①、②、③に関連した業務に従事している。

食品衛生監視員は食品衛生関連業務以外の業務も兼任する場合があり、兼任業務量が増えるほど本来の食品衛生関連業務量は減少することになる。食品衛生監視員の専任、兼務については特段の法的、行政的な定めがなく、地方自治体の任意に委ねられている。

雪印乳業大阪工場の製品で発生した今回の食中毒事件では、主として大阪市の保健衛生行政当局と保健所が対応に当たった。神戸など雪印乳業製品についての苦情などが発生した近畿関係七府県の保健衛生当局も大阪市と連携して相応の対応を行なった。厚生労働省の食品衛生関連部局との連携、協力が行なわれたことは言うまでもない。

2　食中毒事故調査の権限とその法的な根拠

大阪市は大阪弁護士会との懇談資料のなかで、食中毒事故の調査にあたる際の法的な根拠は次のとおりであるとしている。

① 食品衛生法第一七条（報告の要求、臨検、検査、収去）

② 食品衛生法第二七条（中毒に関する届け出、調査及び報告）

③ 食品衛生法施行令第六条（中毒原因の調査）

また食中毒事故に際して、食品衛生法第一七条一項によって行政庁の長に対して与えられている権限は次のとおりであるとしている。

（ア） 営業者等から必要な報告を求める権限

（イ） 食品衛生監視員に行なわせる物件、施設、帳簿書類の臨検検査の権限

（ウ） 試験に必要な物件の無償収去に関する権限

法第二七条第二項によって保健所長が行なうべき調査は、施行令第六条に即して以下のとおりであるとのべている。

① 疫学的調査：原因となった食品及び病因物質を追及するための調査

② 細菌学的または理化学的試験：食中毒患者の血液、ふん尿等または原因となった食品等に対して科学的手段によって行なう検査

今回の雪印乳業食中毒事件では、以上のような権限に基づく職務を、主として食品衛生監視員が担当した。

3　事故の予防と広報の問題点

雪印乳業の杜撰極まる工程の運用や欠陥に満ちた品質の管理に問題があったのは当然のこととして、大阪市の食品保健行政当局が今回の事件の発生を事前に予防できなかったという事実は厳然として残されている。

学童五〇〇〇名が被害にあったO・157事件が近隣地域に発生してから四年後に、市民一万名規模の大食中毒事件が続発していることを軽視してはならない。食中毒の予防に関わる根拠法である食品衛生法の実効性や、保健所や保健センターのあり方に関わる地域保健法などとの関連性について、改めて詳しく検討する必要があるだろう。

つぎに、現行法規上の問題点もさることながら、現実の食品衛生行政の体系や機能を点検して、食品被害の予防と対策の仕組みとあり方が適正であるのかどうかについて、詳しく評価しておかねばならない。たとえば、別の項で示したように、食品の安全確保に関わる対象事項が非常に多岐複雑になりつつある今日的な状況に照らして、食品の安全確保、とりわけ食中毒の予防並びに対策の実施にあたる食品衛生行政の組織、機能、施設、人員等の現状に問題がないかどうかを精査、点検することが求められている。

次に事故発生後の対応措置のひとつに、市民への情報公開、広報の問題がある。この点に関して、合同専門家会議の報告書では、雪印乳業に対して製品の回収、事故についての社告を出すように「勧告、指導、命令した」等と記載されているが、雪印乳業が勧告に直ちに従わなかった時点で、現地の行政機関として迅速、的確に、独自の公表手段を行使するべきではなかったか。

市民、消費者の健康と安全に責任を持つ食品衛生行政当局としては、二八日に勧告して以後、二九日午後四時に市当局が記者会見をするまで、雪印乳業側の社内事情に配慮して、社告実施の決定を気長に待つ必要はなかった。雪印乳業が広告代理店などを介して新聞紙面の枠取りなどをしているのでは、この時間帯では当日の夕刊には間に合わないことははっきりしていた。テレビ、ラジオ等のニュース報道は別として、市民に事態が正しく周知されるのが三〇日の朝刊以後になってからであるということも分かりきっていた。低脂肪乳に食中毒の疑いがあるという事実を早期に把握していた現地行政当局としては、独自に、おそくとも二八日の早朝には市民に事実を公表して警告することができたはずである。情報の開示、周知に関して、市当局の責任が正確、迅速に果たされていた、といえるかどうか疑問である。今後行政部内において、雪印乳業に対する社告と回収の勧告がどのような経緯で行なわれていたのか、企業対策に追われて市民対策がおろそかにされていなかったかどうか、局長、市長などの決済、関与のありかたや厚生労働省との連絡がどのように行なわれたのか、などを時系列的に調査する必要があるだろう。本来、生鮮食品でもある低脂肪乳の場合には、一日、一時間の遅れであっても影響が大きく、場合によっては市民の生死にも関わる被害を発生させる恐れがあったことを認めねばならない。今後、裁判などの場で、たとえば何日の何時までに市民に広報されていたら、何人被害者が減ったか、などの具体的な推定が行なわれることが望まれる。

適切に機能したとは言えなかった大阪市の公表指針は、この事件で得られた教訓を生かして、第5章の3項（一六〇頁）に示したように改定されることになった。企業への社告の勧告については食品衛生法に特段の定めがあるわけではなく、行政庁の独自の裁量で原則的に実施可能である。各自治体では非常事態を想定して独自の公表指針を作成しておく必要があるだろう。

4　事故処理と検査活動の問題点

記録によれば、最初に大阪市保健所が病院からの通報を受けたのが二七日の午前一一時、その夕刻には衛生研究所に飲み残しの低脂肪乳の検査が依頼され、二八日の一三時四〇分に工場への立ち入り検査が行なわれた、ということになっている。しかし少なくとも大阪市保健所としては、二七日の夜、おそくとも二八日の早朝までには工場現場への立ち入り調査に踏み切り、とくに製品の低脂肪乳とそのすべての原材料の入手経路について徹底的に調査した上で、それらを周到に収去して直ちに検査にかからねばならなかった。検査にあたっては、乳製品による食中毒の場合には、生物毒素、化学毒性物質の有無を体系的に問題にする必要があったことはいうまでもない。

国の規定の検査項目にはエンテロトキシンなどの毒素検査は含まれていなかったが、患者の症状から、細菌性の食中毒であることが推測されていた。したがって早期に大阪市が周到に低脂肪乳の毒素検査を行なっておれば、六月三〇日、和歌山市の衛生研究所がエンテロトキシン産生遺伝子を検出し、ついで七月二日、大阪府立公衆衛生研究所がエンテロトキシンA型を検出するまで、五日間も原因物質が不明であるというようなことはなかったはずである。しかも五〇日後の八月一八日になって大阪府警から大樹工場製の脱脂粉乳にエンテロトキシンが含まれている事実を知らされるまで、大阪市保健所は独自に原料の脱脂粉乳からエンテロトキシンAを検出することができなかった。

原因となった毒素入りの原料脱脂粉乳の検査に焦点を当てて見ると、記録では、七月三日に会社側の分析センターが脱脂粉乳（幌延、磯分工場製）の検査を行なったがエンテロトキシンを検出せず、七月一三日に、会社側が低脂肪乳の原料となった脱脂粉乳（大樹工場製、01007ACQ）の検査を行なったがエンテロトキシンを検出しなかった、と発表している。この際の会社側の検査対象となった大樹工場製の脱脂粉乳01007ACQこそは、後日、大阪府公衆衛生研究所や北海道立衛生研究所によってエンテロトキシンAが証明された検体であって、この会社側の誤った検査結果が大阪市の関係者に原料の脱脂粉乳には問題がない、という先入観を持たせることになってしまったのではなかろうか。

大阪市保健所の最初の時点での大阪工場立ち入りの際に、どのようなサンプリングが行なわれたかは明らかにされていないが、上記のように会社側が大阪工場の原料関係の脱脂粉乳の検査を行なっている事実があることをみると、立ち入り時点で大阪市の関係者が収去の権限をフルに生かして、大阪工場にあった原料関係のサンプリングを周到に行ない、毒性物質の検査を正確に実施していたならば、八月一八日まで、五〇日間も真の原因が不明のままに推移したというようなことはなかったであろう。

また七月二日に、低脂肪乳中にエンテロトキシンが検出された時点で、全工程の再点検を行なうことと並行して、原料関係の調査にも全力を投入するべきであった。とくにエンテロトキシンの混入に最も結びつきやすい原料の脱脂粉乳に焦点を当てて、大阪工場に対して出荷した可能性のある全国の脱脂粉乳製造工場の出荷記録を点検し、すべての保存サンプルの検査を行なうことが必要であった。これは厚生労働省と大阪市が七月初旬時点でとるべき対策であったと思われる。もちろん、会社側に対しても協力方を厳しく要請しなければならなかった。

いずれにしても今回の雪印食中毒事件をめぐる事態の時系列的な解析をとおして、市当局として、どの時点でどのような措置をとることが必要であったか、についての総括が十分に行なわれる必要がある。

その上で、今回の体験を踏まえて、食品衛生行政側としては今後、次の点について考慮するべきである。

(1) 食中毒の発生が疑われた場合には、企業に対して緊急に現場保存を申し入れ、疫学的な調査の結果、原因食品が明らかになった時点で、社告の公表と製品の回収についての「勧告」を行なう。この際に必ず期限を設定する。

(2) 期限が守られない場合には、行政が独自に「当該企業の製品に食中毒の疑いがあること」を公表して、同時に容疑食材の回収を「通告、命令」する。

(3) 期限までに勧告、命令を実行しなかった企業に対する罰則を設ける。

(4) 現場保存を通告したあと、立ち入り調査を迅速に行なう。疫学調査からどの範囲の項目についての検査が必要であるかを決定する。そのうえで原材料、工程からの拭き取り、最終製品、市販品等をひろく収去して、検査を行なう。

(5) 毒素産生菌による汚染が疑わしい乳製品等の食品については、毒素検査を検査項目に加える。この点については本来は国が乳等省令等の検査事項の改正を行なうことが望ましいが、自治体の衛生研究所等での毒素、あるいは毒素産生遺伝子等の高度検査が常時可能であるようにしておく必要がある。

(6) 緊急に立ち上げた行政の事故対策本部は企業だけではなく、ひろく市民を対象として情報の交換、対策の周知が行なえるようにする。

(7) O・157事件や今回の食中毒事故から得られた教訓を生かして、各自治体行政側では、大規模食中毒事件危機対策要綱を作製または改定して、被害の予防と軽減を図る必要がある。

5　大阪工場の衛生管理状況の調査結果

合同専門家会議では大阪工場の衛生管理状況を調査してその結果を表10のように発表している。この調査の結果、浮上した問題点は杜撰な運用が行なわれていた大阪工場で独自に黄色ブドウ球菌の汚染が発生し、エンテロトキシンの産生がありえたのではないか、と言う、調査の初期の時点での推測の根拠となりうるものであった。

6　大阪工場に対する保健所の日常的な指導と監視の状況

厚生労働省は、施設を管轄する都道府県等の協力を得て現地調査を行なうとともに、必要に応じて施設を管轄する都道府県等に現地調査を依頼し、報告を求めることができるとしている。雪印乳業大阪工場の総合衛生管理製造過程の承認申請にあたっては、厚生労働省からの依頼を受けて、大阪市が平成九年一〇月二五日に現地調査を実施している。

承認申請に係わる改善指示事項は、厚生労働省の審査会を経て申請者に通知される。同時に管轄する都道府県に調査依頼があり、必要に応じて管轄する都道府県等が立ち入り調査等をして確認を行なうことになっている。指示事項は重要指摘事項と指導事項に分けられており、重要指摘事項が改善されないと承認されないことになっている。

雪印乳業大阪工場の場合には、これらの指示事項を受けて「改善報告書」が提出された。この時点で重要指摘事項についてはすべて改善されていることが確認され、指導事項については当該年度内に改善する旨の報告があったので、平成一〇年度の食品衛生監視特別機動隊の定例監視の際に最終確認が行なわれた。

大阪市当局は大阪弁護士会との懇談会において、HACCP承認施設に対する監視手法について、具体的な定めがないために、法第一七条に基づく臨検検査を行なう際にHACCPについても監視・指導を実施した、とのべている。その事前の準備としては次のようなことを行なった。

① 総合衛生管理製造過程承認申請書類の確認
② 前年度の指導事項の確認
③ 最近の苦情事例等の確認
④ 必要に応じて現場検査・収去検査等を実施するための準備を行ない、一年分の記録のチェックはトラブルの起こりやすい連休明けや通常より大量の製造を行なった日、従事者の異動時期や気温、湿度が高くなる夏季等の記録を無作為で確認する方法をとることを考慮した。

表10 大阪工場の衛生管理状況調査結果

1　HACCPに関する点検記録

記載方法、訂正方法等に不適切な点（読み取りにくい、修正液による訂正など）が認められたが、重要管理点における管理基準の逸脱等の大きな問題点は認められなかった。

2　一般的衛生管理に関する衛生管理状況

(1)　チャッキ弁等の分解洗浄

〔問題点〕

① 規定された実施頻度で洗浄されていなかった。

② 実施頻度が記載されていないものもあった。

③ 使用頻度と比較して洗浄頻度が少ない。（使用毎又は毎日洗浄とすべき）

(2)　常設のステンレス配管以外のホースによる配管の使用

〔問題点〕

① CIP洗浄が可能なホースもあるが、使用後の水洗や不定期の循環洗浄のみのホースが認められた。

② ホースの保管場所が屋外にもあり、保管時にホース末端に栓がされていなかった。

(3)　屋外における調合作業

ストレージタンクにおいて、ミックスの最終成分調整が行われていた。

・ミックスの成分が濃い場合は、上水の配管から水をタンクに投入し調整する。（作業時にホース又はステンレスパイプにより配管する。）

・ミックスの成分が薄い場合は、脱脂粉乳溶解機を用いて脱脂粉乳溶解液をタンクに投入し調整する。（作業時にホース又はステンレスパイプにより配管する。）

〔問題点〕

脱脂粉乳溶解機による脱脂粉乳溶解液の投入作業は、屋外で手作業により行われていた。

(4)　再製品の使用

製造後出荷されずに冷蔵庫に残った製品及び出荷後発注ミス等により返品された製品を原料として再利用していた。

〔問題点〕

① 再製品の開封作業は、冷蔵庫内で配送委託業者により行われていた。（製品を開封し、移動式タンクに入れる。翌日の製造に使用される。）

② 再製品は品質保持期限内のもので、使用前に検査（風味、アルコールテスト等）を実施し使用するが、期限切れのものが混入していた可能性も否定できない。

出所）雪印食中毒事件に係る厚生省・大阪市原因究明合同専門家会議の
そ　最終報告より中間報告のまとめ

して、雪印乳業大阪工場については「三〜四人、約二時間をかけて実施した」としている。

しかし食品衛生法施行令第三条に定められている年間の監視・指導回数が大阪工場についてはどの程度充足されていたかは明らかではない。ただし、この点に関しては、市側では次のように説明している。

「現在のように製造、加工、保存等技術が高度化された食品製造施設に対しては、単に監視回数をふやすことで効果が上げられるものではなく、より専門的な立場からの監視指導が求められており、そのために監視対象施設を危害度別に分類し、監視内容を整理し、効率的、実効ある監視体制を目指している。また各自治体においても、この回数基準はひとつの目標として位置づけられている。

ちなみに平成一〇年度の本市の監視率は三一・三％であり、全国平均は一四・五％である」

ここでいう監視率とは法定監視回数に対する実監視回数の比率である。

監視効率の向上についての市当局の指導監視の効率化に関する説明は一応理解することができる。しかし、監視実務を遂行する上で、監視にあたる食品衛生監視員の実数が極端に不足していることに全く触れていないのは理解しがたい。別の項に示すように、国全体では監視員一人当たりの要監視施設数が平均五八六であり、人口密度の高い府県によっては一〇〇〇を越えるような現状では、年間一回の監視、指導さえ不可能であるというような実情こそが最も問題なのである。これではどのように機動的、効率的な手法を駆使したとしても実効性のある予防的な監視・指導が可能であるとは思われない。おそらく、事後的な処理対策に追われることになるだろう。平均の監視率が三一・三%では、大阪工場に対しても内容的に充実した監視、指導が適正に遂行されていたということにはならないだろう。

7 大阪市での食品衛生行政の仕組みの変更

(1) 保健衛生行政体制の変更

大阪市の資料では、平成一二年四月より、「急速な少子高齢化や市民ニーズの多様化といった地域保健を取り巻く状況の変化に的確に対応していくため、従来の各区におかれていた保健所を市民に対するサービス提供部門と位置づける保健センターと新たに全市域を所管し、広域的・専門的・技術的部門を担う保健所とする新しい地域保健体制をスタートした」。「保健所では、食中毒やO・157感染等の区域を越えた大規模発生時の健康危機管理の強化を図るため、監視員を集約し、食品衛生部門については営業監視課・食品衛生監視課の二課による専門監視体制を確立している」と記されている。

そして、大阪弁護士会との懇談では、「今回の事件では、調査に必要な監視員を集中的に動員して、原因究明等にあたることができた」と語っている。

地域保健法の制定に伴う保健所機能の再配置は大阪市に限らず各地で行なわれており、これに伴って食品衛生行政面でどのような変化が生じているかを問題にせねばならない。抽象的な議論ではなく、食品衛生管理に関わる実務量と実効性に焦点を絞った調査やこれに基づいた論議が必要であると思われる。

大阪市の例でいうならば、各区の身近にあった保健所には、これまで食品営業施設や市民、消費者にとってなじみのある食品衛生監視員が配置されていた。しかし、これが、全市域、昼間人口四〇〇万人、営業施設四〇万を一保健所で「広域的・専門的・技術的」に管轄するセンター化方式に大きく変えられた。このことが、行政側の予防衛生機能、危機管理機能の点で妥当な措置であったのかどうかは今後とも十分に検討する必要がある。まして統合によって人員の整理や減員、業務の合理化と称する切捨て等が行なわれたとすれば、市民、消費者の側から疑問の声が出るのも当然のことであるといわねばならないだろう。

一般に住民の健康を守る保健所と対比されてもよいものとして住民の治安を守る警察署がある。両者は同じく許認可、指導、監視、取り締まりを行なっている。両者とも地域の現場や住民に密着した存在として、大都市では各区に分散配置されることが最も適当であるとされてきた。警察行政ではさらに地域を細分して各警察署の下部組織としての交番所を設けており、わが国独自のこの制度は、諸外国からも高く評価されるところとなっている。そして交番所の意義は治安の維持にとって最も重要な犯罪の予防にも大きな役割を果たしているところにあるともいわれてきた。

保健所を統合しなくても、各保健所をつなぐ機動的、専門的な監視、対策チームを別に編成して、全市域にまたがるような事件に「広域的、専門的、技術的」に対処することはできた。また衛生研究所との連携のもとで、高度に専門的な課題にも対応する事ができる。この点は警察行政において一般に各警察署とは別に機動警察隊や鑑識班等が配置されているのと全く同様である。

(2) 全市一保健所制度の問題点

大阪市では各区の保健所を廃止して一保健所に統合したが、その代わりに地域保健センターを各区に設置したというかもしれない。しかし、地域保健センターは従来の保健所とは異なり、母子保健、健康つくり、生活習慣病予防、高齢者保健、結核・感染症対策、精神保健福祉、難病・公害保健事業、医療免許申請関係そして環境衛生、食品衛生、環境保全の業務を行なうなど、保健衛生サービスの拠点として位置付けられており、従来の保健所の監視、指導、収去、検査、調査、許認可、処分、危機管理等の責務と権限を厳しく行使することは困難である。大阪市ではこれらの権限を全市域を管轄する一保健所に集中してゆだねるものとした。

一九九四年（平成六年）に制定された地域保健法において、保健所に関する規定が整備され、都道府県が設置する保健所を地域保健の広域的、専門的、技術的拠点として機能を強化するとともに、保健、医療、福祉の連携の促進を図る観点から二次医療圏等を参酌して、保健所の所管区域を見直し、規模の拡大を図ることになった。しかし表11にあるように、各都道府県では人口三〇〇万の大人口地域を一保健所制にした大阪市のようなところは見られない。医療圏が本来医療法に基づくものであり、地域保健との関連については別途、地域、産業、交通、人口などの関連で仔細に検討を必要とするものであることは明らかであろう。全市一保健所ではなくて、既存の保健所をある程度統合して、基幹保健所を複数箇所設置した上で、地域保健センターを細かく配置する方式などが考えられてもよかったと思われる。要するに、事故予防的な衛生行政か、事後処理的な衛生行政か、の選択を誤ってはならないだろう。

もしも大規模食中毒事故が複数箇所、市域内に発生したとして（地方の県の数箇所にあたる昼間人口四〇〇万の大都市ではこのようなことが想定できる）、現行の体制で対応が可能かどうかは改めて十分に検討されねばならない。制度の変更に伴う食品衛生監視員の実務量の増減についても精査されねばならない。

雪印乳業の杜撰な営業姿勢から、今回のような大規模な食中毒事件が発生したことは明白である。しかしこの事件を未然に防止するうえで、行政はどのような方策を準備するべきであったか、また事件の発生以後の危機管理の体制が万全であったといえるのか、大阪市は今回の事件では「調査に必要な監視員を集中的に動員して、原因究明等にあたることができた」と自賛しているが、たとえばエンテロトキシン汚染を低脂肪乳でも、原料脱脂粉乳でも自力で早期に

表11　都道府県別にみた二次医療圏・保健所・市町村保健センター数一覧表

	二　次医療圏	保健所	市町村保健センター		二　次医療圏	保健所	市町村保健センター
総　数	360	594	2,218	三　重	4	9	40
				滋　賀	7	7	45
北海道	21	30	112				
青　森	6	8	32	京　都	6	23	32
岩　手	9	10	47	大　阪	8	18	43
宮　城	5	12	55	兵　庫	10	29	70
秋　田	8	9	40	奈　良	3	6	35
				和歌山	7	8	26
山　形	4	4	23				
福　島	7	8	51	鳥　取	3	3	17
茨　城	9	12	75	島　根	7	7	29
栃　木	5	6	37	岡　山	5	10	51
群　馬	10	11	52	広　島	7	11	57
				山　口	9	10	42
埼　玉	9	23	85				
千　葉	8	16	75	徳　島	6	6	17
東　京	13	39	62	香　川	5	8	23
神奈川	11	38	34	愛　媛	6	9	54
新　潟	13	14	93	高　知	4	10	35
				福　岡	13	22	62
富　山	4	5	28				
石　川	4	5	28	佐　賀	5	5	28
福　井	4	6	27	長　崎	9	10	31
山　梨	8	8	40	熊　本	11	11	50
長　野	10	11	81	大　分	10	10	33
				宮　崎	7	9	20
岐　阜	5	8	74				
静　岡	10	12	68	鹿児島	12	16	64
愛　知	8	35	74	沖　縄	5	7	21

注 1）二次医療圏は平成11年3月31日現在
　2）保健所数は平成12年4月1日現在
　3）保健センター数は平成12年3月31日現在
　4）政令市及び特別区の保健所については、当該都道府県の箇所数に加えた。

資料　厚生省保健医療局地域保健・健康増進栄養課調べ

発見することはできなかったし、市民への情報提供の遅れでも批判されるところがあった。本当に巨大都市大阪にとって、全市一保健所の体制が有効であるといえるのか、自治体の食品衛生当局として、あらためて地域住民や関係職員の意見を聞いて、深く慮るところがあってしかるべきではなかろうか。

行政の合理化、効率化のための取り組みが重要であることは否定しない。しかしそのためには、その合理化、効率化の真の目的が住民サービスの向上や安全、安定、安心の確保にあることの認識が必要であり、他方で業務の実態の科学的な計測に基づいた施設や人員の配置が検討され、時代的な環境条件の変化に即した新規な業務への需要や住民からの期待にこたえることのできるものでなければならない。そうでなければ、安易な業務の統廃合は、合理化や効率化とは程遠い単なる定員やコストの削減のための行政側の常套手段となって、結果的に市民生活の現場に大きな混乱と失望を招くものとなることであろう。

大阪市労組の環境保健部門関係者の報告では、大阪市の一九八三年の第一次対人保健サービスの見直しでは、地区担当保健婦一七名減、検査員一名制に、八八年の食品衛生、環境衛生監視員の一元化では一六名減、第二次対人保健サービスの見直しでは放射線技師六名減、検査員七名減、地区担当保健婦二二名減という経過があり、二〇〇〇年の保健所の統廃合では、一保健所、各区二四保健センター体制となったが、食品衛生監視員一一名減、事務職員一七名減、（OB職員一二名増）となった。各区配置の監視員は六二名減であった。

このような統廃合の問題点として、労組では次のような事項をあげている。

①　一保健所に「所管人口二六〇万人（昼間人口四〇〇万人）では多すぎる」。これでは、「各区の実情にみあった政策企画が困難」である。

②「監視員が一保健所から全市に出向くことは合理性を欠き、迅速な対応が困難」である。

③「公衆衛生分野で市の全域を担当する部署が二ケ所になったことの影響（食品衛生関係では環境保健局生活衛生課と保健所食品衛生監視課）」が見られる。

④「許認可権限が保健所に限られるため、融通がききにくい（許可書の交付、訂正、再交付など）」。

⑤「相談苦情は減らないため、保健センターにいる監視員はてんてこまい」の状況にある。要するに全市一保健所制では予防衛生行政の実をあげることは困難である、ということである。

実際、大阪市全域に機動的に食品衛生監視員が出向するとしても、渋滞する交通事情の中で、市役所の保健所所在地から食中毒事件現場に到着するまでにどれくらいの時間が必要であるのか、収去した検体を衛生研究所に運ぶまでに何分かかるのか、というような、木目の細かい調査が行なわれたのであろうか。四〇〇万昼間人口に相当する全市域の食品関連施設では、同時に複数箇所で食中毒事件が発生する可能性があるが、たとえば三カ所で相当規模の食中毒の発生があった場合に、現行の一保健所体制で十分対応できるのかどうか、実際に事故対応のシミュレーションが行なわれたのかどうか、など、市民の側から問われるところが多いと思われる。

今回の雪印食中毒事故に際しては、おそらく数万件もの食中毒についての苦情、届け出、相談などの電話等が大阪市全域の各保健センターに集中したであろうが、そのことが地域保健センターの食品衛生以外の一般事務にも大きな支障を生じたであろう。旧各区の保健所とは異なって、地域保健センターでは食品衛生監視員に余裕がなく、電話の応対にも必ずしも万全を期することが困難であったために、市民、消費者からの苦情を正しく処理できたのかどうか、当時の事情を詳しく調査する必要があるだろう。

8　保健所を守る市民の会の声明

大阪市の「保健所を守る市民の会」では、二〇〇〇年(平成一二年)七月三一日に著者らをパネラーとして招いて、「食の安全と監視体制—雪印乳業問題の原因を探る—」と題するシンポジウムを開催した。そしてその終了に際して次のような声明を行なっている。

保健所を守る市民の会の声明

雪印乳業による食中毒は、四日現在八〇〇〇人を越える被害者がでており、大規模な食中毒事件となっています。三週間もバルブの洗浄を怠るなど、製造工程での細菌汚染と判明し、雪印乳業の杜撰な衛生管理は大いに非難さるべきです。また、その公表を遅らし被害の拡大を引き起こした責任もまた断罪されなければなりません。安全な食品の提供という企業としての社会的責任を果たさず、利益を優先する雪印乳業には厳しい市民の抗議がよせられるのは当然です。

国際安全基準「ＨＡＣＣＰ」（総合衛生管理製造過程）の承認を受け、自主管理体制をとりながら、ずさんな申請で意味のないものになっています。

しかしまた、大阪市の行政側も工場の衛生管理の甘さや、市民への公表が遅れたために、被害の拡大を招いた責任は免れません。

この四月から保健所が一カ所に統廃合し、各区の保健所を保健センターに格下げした事が、大阪市のこれまでの説明とは裏腹に、大規模施設における広域食中毒事故において、迅速・的確な対応を困難にしていることを、図らずも証明しました。大阪市民の会は、保健所統廃合反対のたたかいの中で「これまで苦情・相談や食中毒事故などの原因究明や解決に各区の保健所がその発生から終結まで一貫して担ってきましたが、保健センターでは、受付や初動調査のみを行ない、その後は保健所の業務となるため迅速・的確な対応に支障が出ます」と、既に指摘してきたように、保健センター・保健所・環境保健局と命令系統が三重構造になったため判断の遅れがあったことは否めません。また保健センターからの報告を受け、保健所が監視に出動するという手間などがあってスムースに監視指導が出来にくい体制になっています。このような体制が普段からの監視業務の非効率を生んでおり、企業側の衛生管理の甘さをもひきおこしているといえます。また現場保健センターから監視員を六九名も引き上げ、保健所をふくめ全市で実質一六名の監視員を削減してきたことも対応の遅れの原因といえます。

私たち市民の会は、雪印乳業がずさんな衛生管理で、多数の市民の健康を害した事に抗議するとともに、被害者救済に全力をつくすように要望します。また、大阪市が市民の健康保持と安全な食品の提供という行政責任を自覚して、二度とこのような事故をおこさないために食品・環境の監視・指導体制の弱体化をやめ、充実することを求めて運動をすすめるものです。

二〇〇〇年七月五日

保健所を守る大阪市民の会　会長　村田進

市民の会の「保健センター・保健所・環境保健局の命令系統の三重構造が非効率である」という指摘は注目に値する。普通、一般に命令・決裁・指揮・実行系統が分離すればするほど迅速・効率的な対応は困難になることは確かである。市当局のいう広域的・専門的・技術的部門を担う一保健所と市民に対するサービス提供部門と位置づける二四保健センターの並立が、今後の食品衛生業務の実際にどのような実績を残すことができるかに注目せねばならない。また国民は全国都道府県市の自治体において、今後保健所の統合、配置がどのように行なわれるかにも関心を持つことが必要になるであろう。

第4章　法的責任を追及する

1　大阪府警による刑事告発

大阪府警都島署捜査本部は平成一三年三月一六日、低脂肪乳食中毒関連の計五事件で、雪印乳業本社と石川哲郎前社長、相馬弘前専務ら九人を大阪地検に書類送検した。容疑は公表、回収の遅れによって被害の拡大を招いたなどの業務上過失致死・傷害致死であった。報道等によって明らかにされた告発の内容は以下のとおりであった。

(1)　立件上の被害者の認定について

汚染脱脂粉乳を使用して大阪工場で昨年六月二〇日から同三〇日につくられた低脂肪乳を飲み、

① 発症までの潜伏時間が六時間以内。
② 下痢と嘔吐などで治療を受けた。
③ 飲み残しがあり、毒素が検出されるなど科学的裏づけがある。

などの条件を満たす七六二人と認定した。

ここでは、とくに低脂肪乳を飲んで持病を悪化させて死亡した奈良県大和高田市の女性も致死容疑の被害者としたことが注目される。

(2) 食中毒を知った時点の認定について

石川前社長が集団食中毒の発生を知ったのは千歳空港で、六月二九日午前一〇時半すぎであった。

相馬前専務(乳製品販売事業の最高責任者)の場合には、大阪市保健所が緊急立ち入り検査をした六月二八日の午後八時には保健所などに寄せられていた七件の被害を把握していたと認定された。

この時点での送検者の一覧と法違反の容疑事実は表12のようになっていた。

(3) 送検の事由について

いずれも公表、回収の決断を先送りにしたために、相馬前専務の場合には自主公表した二九日夜までに飲用した一三九人を死傷させたとして、業務上過失致死傷容疑で、石川前社長の場合には五八人に傷害を与えた業務上過失傷害容疑で送検した。

捜査本部では症状を訴えた人の日常の行動を詳細に調査した。そしてテレビやインターネッ

表12　大阪府警の雪印乳業関連送検者の当初のリスト

石川哲郎・前社長	業務上過失傷害	公表と回収の遅れ
相馬弘・前専務	業務上過失致死傷	公表と回収の遅れ
久保田修・前大樹工場長	業務上過失致死傷	毒素に汚染された脱脂粉乳を製造
	食品衛生法違反	虚偽報告
桜田宏介・前大樹工場製造課長	同上	久保田氏と同じ
製造課員3名	業務上過失致死傷	毒素に汚染された脱脂粉乳を製造
下野勝美・前大阪工場長	食品衛生法違反	クレーム隠し、再利用の禁止
五十嵐勢男・元大阪工場長	食品衛生法違反	再利用の禁止
法人・雪印乳業	食品衛生法違反	虚偽報告と再利用の禁止

出所）大阪府警

トを見る時間などを聞き取りしたうえ、汚染製品を飲んだ時間を比べて、速やかに公表しておれば、汚染製品を飲まなかったと判断した。

久保田修前大樹工場長の場合には三月の停電事故後の検査で製品から社内基準を大幅に上回る大量の一般細菌が検出されたのに、四月一〇日に再利用して黄色ブドウ球菌毒素に汚染された粉乳を大阪工場などは出荷して被害を起こしたとして業務上過失致死傷の容疑で送検された。

大阪工場は大阪市の保健所に食中毒のクレームを隠し、大樹工場はラインの洗浄記録を改ざんして帯広保健所に提出していたことが判明した。

下野勝美前大阪工場長や久保田前大樹工場長らを食品衛生法違反の容疑で送検した。

さらに大阪工場などで長年続いていた低脂肪乳などの返品再利用についても、下野前大阪工場長ら二人と雪印乳業を送検した。

2　法的責任の所在と予見可能性について

(1)　大阪工場での責任について

雪印乳業側は、「大阪工場の製造担当者は原料に毒素エンテロトキシンが含まれていることを知ることができなかった。定められた工程にしたがって製造し、最終製品については、国の規定どおりの検査を行なって合格を確認してから出荷した。したがって食中毒の可能性があることを予見できなかった。この点では製造関係者の責任を追及することには無理がある。会社幹部や大阪工場長の製造責任を問うことはできない」と主張するであろう。

しかし大阪工場においては、ＨＡＣＣＰで定められた工程の変更、バルブの新設、パイプの付設等の届け出義務を果たさず、返品された低脂肪乳を再利用する等の不適切な行為を行なっていた。

再利用については、当時の厚生労働省は「品質保持期限はメーカー側の自主設定であり、実質的に品質を保持できる期間から明らかに逸脱していないと法違反にならない」と解釈していた。大阪工場の場合には再利用された製品は期限切れから数日であったために、府警は食品衛生法の七条（保存基準）違反にならないと判断せざるをえなかったといわれる。期限切れ、返品製品の再利用は雪印乳業に限らずほとんどのメーカーで行なわれており、厚生労働省が黙認していたともいわれている。このような返品製品の利用は杜撰なパックの開封、不潔な保管などの問題を伴うために、細菌の汚染による毒素の産生などがおこりうる可能性が大であり、しかも規定の検査基準では毒素検査の項目がないために、極めて危険であるといわねばならない。また返品された加工乳を加工乳の原材料として使用することは、乳及び乳等省令に違反している。

参考：

食品衛生法――乳及び乳等省令――二乳等の成分規格並びに製造、調理及び保存の方法の基準――(5)　乳等の成分または製造若しくは保存の方法に関するその他の規格または基準――(2)加工乳にあっては水、生乳、牛乳、特別牛乳、部分脱脂乳、脱脂乳、全粉乳、脱脂粉乳、濃縮乳、脱脂濃縮乳、無糖れん乳、無糖脱脂れん乳、クリーム並びに添加物を使用していないバター、バターオイル、バターミルク並びにバターミルクパウダー以外のものを使用しないこと。

ＨＡＣＣＰでの工程変更の届け出をしなかったことは違反ではあるが、ＨＡＣＣＰは承認制であり、罰則はないので法違反には問えない。

回収した期限切れ低脂肪乳（府警の推定では一年間で最大二七〇〇本余であった）を屋外で運

転手たちが素手で開封してタンクに注入していたといわれることや移動式脱脂粉乳溶解器が屋外に置かれていて、その周辺で作業が行なわれていたといわれること、さらに低脂肪乳製造工程にあるバルブがマニュアルに反して三週間以上も洗浄されていなかったこと等は必然的に細菌の汚染、増殖を招き、有害毒素の産生につながる事態であったことは否定できない。

食品衛生法第四条の四には「不潔、異物の混入または添加その他の事由により、人の健康を害する虞（おそれ）があるもの」、とあるが大阪工場の場合は明らかに、このような虞規定に該当するものであり、法第四条違反と判断される。

国、自治体の行政的な責任ではＨＡＣＣＰに罰則を設けず、ざる法として放置していたこと、指導、監視が徹底せず、予防措置が取れなかったこと、などがあげられる。また乳および乳等省令の検査対象に、毒素、エンテロトキシン等の細菌性毒素を指定していなかったことが問題になる。雪印乳業側は、「この事件は毒素検査の項目が義務付けられていなかったことによって予防できなかった、大阪工場の製品検査では、少なくとも国の定めたすべての検査項目で合格であった」と主張するであろう。

エンテロトキシンなどの細菌性毒素の検査法は、一般の乳業メーカーの検査技術水準で十分こなしうる状況になっていたにもかかわらず、公定検査法に追加されてはいなかった。

刑事、民事裁判では、予見可能性すなわち、事故の発生あるいは拡大が客観的に容易に予見される状況にあったにもかかわらず、当事者が適切な措置を取らなかったかどうか、について論議が集中するであろうが、原告側では以下の諸点を強調することになるだろう。

１　六月二七日に、すでに七件のクレームが発生していた段階で、七万本にも及ぶ同一ロットの低脂肪乳が同様な被害を発生させる可能性があることは常識的に、容易に予見できたはずであり、会社側の担当者には対策を急がなければならないことは十分認識できていたはずである。

乳飲料によって起こる体調不良ではアレルギーや乳糖不耐症の場合などがあるが、二七日時点で集中的に、同一工場製造の同一と思われる製品で突発的に数件もの下痢、腹痛等の患者が発生した、というようなことは前例がなかったはずである。したがって自社の低脂肪乳などに安全上の問題が生じたことは会社幹部も十分認識していたはずである。

同時に生鮮食品とも見なされている低脂肪乳などの乳製品であるから、数時間内にも多数者が飲用して、食中毒事例が激増する可能性が濃厚であることも予想され、一刻を争わなければならないのも自明のことであっただろう。国の定めた検査項目で異常が無かったとしても、乳製品の中毒事故では、検査の項目にはない青酸カリなどの重金属や有機化学系の毒物や微生物毒素などが原因である場合が考えられることは乳業関係者の常識であったはずである。

保健所が事故の公表と製品の回収についての社告を出すように勧告したのは、以上に述べたように、事態を放置すれば、大阪工場から出荷して、すでに市場や消費者の家庭にあった多数の同社製品による食中毒が広範囲に拡大する可能性があることが、乳製品に関して専門的な知

識のある行政や企業の関係者には容易に客観的に認識できた、すなわち予見可能性が色濃く存
在したからである。
二八日の午後九時一五分過ぎ、工場幹部が独断で大阪市保健所に対して、すでに同社に届い
ていたクレーム三件についてのファクスを送り届けたことを下野前工場長が叱責したというが、
この事実は早急に対応しなければ被害が拡大することが予見できた工場側関係者の客観的な認
識の所在を物語っている。保健所への報告を遅らせることは危険であるという切迫感からの工
場幹部の行為を叱責した前工場長は会社の面子を被害の拡大よりも優先したものであるといわ
れてもしかたがない。

2　大阪工場では工程管理が不完全で、ＨＡＣＣＰの規定さえ遵守されていなかった。また、とくに原料関係の入荷や出荷についての記録が不完全で、大阪市保健所の立ち入り、検体収去に際しても、大きな混乱を生じる原因を作った。乳製品のような鮮度が急変する商品の場合には日常的な管理や記録が不完全であれば、「健康をそこなう虞」を生じ、事故発生の可能性が大きく、また事故発生時の対応が極めて困難であり、事故拡大の危険性があることも公知の事実であった。とくにそのことは乳業関係者には常識そのものであったはずである。

雪印乳業の幹部は、この常識を無視した品質管理を行なえば事故を発生することが容易に予見されたのに、何ら対策を講じず放漫な経営を続けていたとしか言いようがない。

事故発生から五〇日後の八月一八日にならなければ、原料脱脂粉乳のエンテロトキシン汚染の事実が発見されなかった理由の一部には会社側の原料サンプルなどの管理、記帳などの不完全性、大阪市保健所などの収去、検査、調査機関側への非協力、最悪の場合には証拠資料の意図的な隠蔽等の場合などが考えられる。

(2) 大樹工場での責任について

大樹工場の場合には、停電事故によって黄色ブドウ球菌の増殖が起こり、毒素が産生し、殺菌後も毒素が残留した脱脂粉乳を出荷したことが明らかにされている。しかし毒素検査は現行法では義務付けされていないから、会社側では、この脱脂粉乳が使用されて食中毒が発生することは予見不能であった、と主張するであろう。

しかし、工程途中の原材料の温度、時間などの環境条件をもっとも知りうる立場にある現場の工程管理者は、今回の停電事故の状況から当然細菌汚染を予期し、とくに有害細菌の増殖を懸念し、毒素産生の可能性を予想して、当該ロットの製品を廃棄処分にするべきであった。しかも停電事故後の製品である脱脂粉乳の細菌試験の結果では国の基準の約二倍弱、および社内基準の約九倍を超える菌数が検出されていた。さらに基準を超える製品は廃棄することが定められていたのに、廃棄せずに、再利用にまわした。

脱脂粉乳での再利用を禁止する規定はなく、この点での法違反を問えなかったが、国や社内の規定をはるかに越える菌数が停電後の製品に残存していたことが証明された時点で、どのような細菌によって汚染されていたかに関心を持ち、菌の同定を行なう努力をすることが必要であった。雪印乳業の検査能力の水準であれば、この程度の同定作業は容易に可能であったはずである。もしも黄色ブドウ球菌の特定に成功し、毒素の産生が疑われておれば、当然この製品は再利用にまわされることはなく、結果的にこの事故は予防できていたはずであった。まして同社ではかつて同じ停電事故によって、黄色ブドウ球菌による、同じ脱脂粉乳での食中毒事故をおこした苦い体験を持ちあわせていたのである。

一般に細菌によって濃厚に汚染された乳製品には、各種のたん白腐敗毒素あるいは細菌性毒素産生の恐れがあることは常識であり、そのような製品を再利用にまわした場合には食中毒の危険性があることは乳業関係者には十分に予見できることであった。

さらに、基準を越えた製品は「破棄」と定められていた以上は、破棄しないで再利用にまわすことは許されていなかったのであって、この製品を四月一〇日に再利用してエンテロトキシンを含む脱脂粉乳を大阪工場などに出荷して被害を発生させたことが業務上過失致死傷に問われるのは当然のことであると言わねばならない。

大樹工場でも遠心分離機の洗浄が長期間行なわれていなかった。洗浄しなかったこと自体は食品衛生法違反には問えないかもしれないが、洗浄がどのような期間行なわれなかったかによっては、第四条でいう、「不潔、異物の混入」を許すことになり、必然的に「人の健康を害う虞」

を生じていたことになる。

大樹工場では上記の洗浄を実施していたように記録を改ざんしていたことが判明した。また品質保持期限を記入していない脱脂粉乳の袋が発見されている。さらに製造時点を改ざんした袋も見つかった。こうした事実はこの工場が極めて杜撰な運営を行なっていたことを証明している。幹部から職員にいたる製造現場の士気が弛緩していたとしか思えない。停電事故に際しての対応を誤ったのも当然のことであったと思われる。

(3) 会社幹部の責任について

事件の発生直後に、大阪市保健所が雪印乳業に対して食中毒に関する社告と製品の回収について勧告した時点で、雪印乳業の幹部は、事態を放置すれば食中毒が拡大する可能性があることを知りながら、一旦この勧告の受け入れを拒否し、さらに社告と回収の時期を引き伸ばして、予見されたとおりの大規模な被害を発生させた。会社の利益を優先して対策を怠ったために未曾有の食中毒被害を発生させて、社会的にも大きな混乱を発生させた責任は重大である。

(4) 社長と専務の責任について

上記のように、大阪府警では社長と専務を書類送検したが、七月一八日、大阪地検ではこの両名には予見可能性を問うことが困難である、として起訴を見送ることになった。

社長は事件発生後、千歳空港で始めて食中毒事故を知らされた。事件の拡大が問題にされた時期には、社長には事情が一切知らされず、たしかに非常事態には全く関与することができなかった。したがって社長には事件の拡大に関わる予見可能性を問うことはできない、とする論理には納得できないものがある。知らなかったから対策の打ちようがなかった、だから責任がない、というのでは、組織の上層部、トップにあるものは組織内の事情を知らずにいること、重要な危機管理事項にはタッチしないでいるのが最も安全なありかただということになる。逆に積極的に組織の現実と取組んでいるトップほど危地に追いやられる可能性がある、ということにもなる。事故発生後の重要な時期に事態を知らないでいた社長が告発を免れる、などということは、怠け者が得をする、あるいはその企業の運営にノータッチであったほど、すなわち、このような背任行為の実行者であった社長、専務ほど有利である、ということであって、これでは雪印乳業の社員、被害者、そしてなによりも世論の理解を得ることはできないだろう。

今回の事故を発生させることになったすべての要件、理由に関して社長や専務には最も責任がある。大樹工場、大阪工場の杜撰な経営に関して、職員の士気の弛緩に関して、教育、訓練の不足について、工場幹部、とくに社長と専務の責任は重大である。

多数の消費者に被害を与えて、業界トップの雪印乳業を倒産寸前にまで追い込んでしまったのは一体誰の責任なのか。現場の先頭に立って、事故対策に専念していた社長や専務ではなかったから、起訴されない、などという構図には誰しも納得することは出来ない。

予見可能性の論理とは、立場上、当然知るべきであった事実を知らないでいた無責任な当事者を救済、免責するような論理であってはならない。そのような論理であるというのなら、食中毒事故の予防と救済はもちろん、企業の社会的責任を果たすために、社長や専務には自ら陣頭に立って奮闘する責任がある、とする社会的な通念自体を、司法側が否定ないし壊滅させるような役割をはたすことになるであろう。

企業あるいは組織体の枢要の地位にあるものは、とくに社長、理事長、専務らは一般社員や職員よりも、立場上、キャリア上、より多く、より正確に危険を予知して対応する責任があるとする、いわば「予見責任論」とでもいうべき考え方を重視しなければ、企業や事業体にとって安全確保体制の確立や危機管理体制の構築等の社会的な要請にこたえることはできない。少なくとも予見可能性だけでなく予見責任性との比較衡量の中で社長や企業幹部の責任が評価、追求されるものでなければならない。

相馬専務も予見可能性を問いにくいということで不起訴になったが、「知らなかった」社長はともかくとして、相馬専務はすべての情報を知ることのできる、そして、製品の回収や社告については決断が下せる立場にいた。にも拘わらず、株主総会で札幌にいた関係で、現場の大阪工場長ほど事態を知ってはいなかった、したがって専務には被害の拡大についての予見性がなかった、だから起訴できない、ということになったのであろうか。相馬専務には、何よりも社長に対して情報を提供して決裁を待つ、という責任があった。しかしながら、その責任を正確に果たさなかったことによって、事態を知ることができなかった社長に起訴を免れさせた。一方、大阪工場の幹部には患者の発生を独断で保健所に通報したくらいだから、被害の拡大についての予見性があった。しかし彼らも最終的に起訴を免れた。率直に言って事故の発生や拡大について最も責任のあった社長、専務や工場幹部が不起訴になるという、このような予見可能性の論理は極めて反社会的であるといわねばならない。企業の幹部には、危険予知責任、危機回避責任が最も重く位置づけられているはずである。その責任を問わないで、単に知らされていなかった、知らなかったから予見可能性がなかった、だから不起訴にする、というのでは社会通念として納得できない。まして、その実は、社内が混乱を極めていた重要な時期に、前社長は連絡のつけようのないところにいたのではないか。それとも、相馬前専務は本当に前社長に連絡しなかった、あるいは連絡できなかったのであろうか。その真実も明らかにされねばならないだろう。

結論的にいえるのは、初発食中毒患者が七件発生したことを知らされた社長や専務には、食品製造メーカーの責任者として、その後に引き起こされる食中毒の拡大を予見することが不可能であった、などということはできない。不起訴は明らかに不当であるといわねばならない。

いずれにせよ、大阪地検が社長と専務の起訴を断念したという事態は被害者にとって、あるいは消費者一般にとっては認めがたいことである。こうしたことが容認されるような社会では消費者の食生活の安全性を確保することはできない。

社長、専務の不起訴の問題については、あらためて検察審査の場などで十二分に論議を行なうべきである。

(5) 刑事裁判での初公判

1 初公判の概要

二〇〇一年一二月一八日、雪印乳業食中毒事件で業務上過失致死傷害罪に問われた久保田修元大樹工場長、桜田宏介大樹工場製造課長、泉幸一製造課主任の三被告に対する初公判が大阪地裁（氷室真裁判長）で行なわれた。

検察側の冒頭陳述では、三被告は平成一二年三月三一日の停電事故当日、黄色ブドウ球菌増殖の原因となった回収乳の品質や衛生状態などを確認せずに放置した。三日後に行なわれた出荷時の検査で異常な生菌数が検出されたにもかかわらず、一部をそのまま出荷し、残りを再溶解して脱脂粉乳製品とした。この再利用によって、四月一〇日付けで製造した脱脂粉乳も汚染され、そのうち二七八袋が大阪工場に送られて低脂肪乳などの原料とされたために、戦後最大規模の食中毒事件を発生させたことが示された。検察側では「汚染された脱脂粉乳を廃棄した時の責任問題を考えて出荷した」と述べている。

業務上過失致死罪については、三被告は同工場でエンテロトキシンに汚染された脱脂粉乳を製造した事実関係については認めたが、奈良県大和高田市の女性（当時八四歳）の死因と食中毒との因果関係については争う姿勢を示した。

食中毒事件を知った久保田被告は「四月に出荷した脱脂粉乳が原因ではないか」との危惧を感じて、工場に残されていた脱脂粉乳を調べたところ、何らかの細菌の大量増殖の事実を知った。それで保健所の検査で発覚すれば操業停止になると考えて、日報の記載内容の改ざんを桜田被告に指示し、同被告もこれに従い、虚偽を記載した日報を保健所に提出した。この件については、食品衛生法違反、虚偽報告の罪が問われた。

2 今後の問題点

① 過失致死罪の成否をめぐっての争い

慢性腎不全の持病があった女性が二九日に低脂肪乳を飲んで急性の胃腸炎を起こした。検察側ではこの急性胃腸炎による脱水症状が腎臓に負担を与えた結果、死亡した、と主張しているが、被告側は食中毒と腎臓病の悪化は関係がない、と主張するであろう。弁護側は二〇〇二年(平成一四年)二月七日の公判で死亡した被害者の主治医への証人尋問を行なうことになっている。

この争いの成り行きが注目される理由は、食中毒がすでに何らかの持病のある患者に与える影響をどのように評価するのか、という新しい課題を提起しているからである。現に病院給食などが原因で発生する集団食中毒事件は数多くあり、なかには被害者が死亡する事例もないとはいえない。いわば患者の既存の疾患と食中毒との加重、複合影響をどのように評価することができるか、が問われている。それだけではなく、虚弱児や妊娠中、出産後、病後、疲労時などに食中毒の被害にあったときには、複合的な影響を受けるが、このような場合をどのように考えればよいのであろうか。

検察側は、食中毒による脱水症状が腎炎の症状を悪化させた、と述べているが、これは主治医の当時の経時的な記録に基いた臨床的な証拠によって具体的に立証されるであろう。

しかし一般に、腎炎の悪化に結びつく要因は脱水症状だけではない。黄色ブドウ球菌が生産したエンテロトキシンが引き起こすさまざまな影響としては、結果的に引き起こされる下痢、嘔吐、嘔気、発熱などが知られている。死亡した患者の場合にはこれ等のすべての症状と、さらに高齢であったことによる身心の状況が加味されて、腎炎の悪化、そして最終的に死亡への転帰が引き起こされた、ということができるであろう。少なくとも食中毒と腎炎の悪化が無関係であったと断定することは難しい、と結論せざるをえない。

②　経営幹部の責任の追及

経営幹部には食中毒被害の発生を防止する責任と被害の拡大を防止する責任が課せられている。その意味では石川哲前社長や相馬弘前専務も業務上過失致死傷の罪を免れないことについては別の項で説明した。大阪地裁の今回の公判では、この最高責任者二名が不起訴となり、現場の工場長と課長、主任だけが被告席についた。社長、専務を不起訴にした理由は、「予見不能性」ということであったが、この点については原告側だけでなく、社会一般に大きな批判の声があがっている。

一万名を越す被害者を出したこのような一大食中毒事件の裁判が、現場の一工場の実務関係者の責任についてだけ争われるというのはおかしい。同種の食品被害事件の再発を防ぐうえで、最も重要なのは食品企業の経営、管理の責任であり、その意味では、最高責任者を裁きの場にすえて、原告と対決させることを回避するべきではない。

③　大阪工場の関与についての追及

今回の裁判では大阪工場の関係者の責任は全く問われていない。しかし業務上過失致死傷の要件となる、「被害の発生を防止する責任」はともかくとして、「被害の拡大を防止する責任」がはたされたといえるであろうか。大阪市当局の事件公表の勧告に従わなかったという一点をとりあげてみても、そのために回収がおくれて、何も知らないで、汚染された低脂肪乳を飲用した被害者がいたことは容易に立証できるはずである。

大阪工場の幹部に被害の拡大についての予見性があったことは、大阪工場の幹部が工場長には無断で被害届け出の情報を保健所に通報していた、ことからも明らかである。この幹部を叱責したという大阪工場長の責任が問われないのは理解できないことである。

④　国や自治体の責任への言及

国や自治体の企業に対する日常的な指導監督が不完全であって、企業側の違法行為を予防できなかったことは明らかであり、行政側の指導、監視体制の再点検が必要であることは別の項に述べたとおりである。裁判の過程において、国や自治体の関与のありかたについても十分に検討が加えられることが望まれる。この裁判を従業員個人の罪を問う、矮小化された訴訟の現場にしてはならない。

国や自治体が今回の事件から多くのことを学んで、食品衛生行政の変革や食品衛生法の改正を行なうことができるような、再発阻止のための方向性が明示されることが望まれる。

⑤　企業の経営体質のあり方への追及

このような一大食中毒事件を引き起こした根本的な原因が雪印乳業というわが国を代表する企業の営利優先の体質にあったことは明白である。この事件では、工場長であれ、役員、社長であれ、自企業の利益だけが最大の関心事であった。この体質は食中毒の届け出が相当数届いていた段階でさえも変わることはなかった。別の項に示したように、大樹工場から出荷された脱脂粉乳が、もっと早期に使用されていて、エンテロトキシンがもっと高濃度であったとすれば、低脂肪乳を飲用した推定一〇〇万人をこす消費者のなかに、より多数の被害者が出ていたことであろう。そればかりか、多数の死者が出ていても不思議ではなかった。この裁判をとおして、このような業務上過失致死傷が発生しうる基本的な原因であった経営体質そのものが明らかにされねばならない。そして、同種の食品被害をおこしうる関連企業に対して、同じ過ちを犯さないために、どうすることが必要なのかを正確に示すべきはなかろうか。

3　民事訴訟の提起

雪印乳業は今回の低脂肪乳による食中毒事件の被害者に対して、加療期間一日一万円の賠償金を呈示していると報じられているが、その個別の被害者に対する補償対応についての詳細は明らかにされていない。

二〇〇〇年一〇月に結成された雪印乳業事件被害者弁護団と大阪市、守口市、京都市在住の四家族六人の被害者は、二〇〇一年七月一二日、大阪地裁に損害賠償を求めて民事訴訟をおこした。製造物責任法に基づいて一人当たり数十万円（症状などに応じて一人につき一〇万から七二万円）総額六六〇〇万円の損害賠償を求めることになった。弁護団は被害者の入院、通院日数から被害額を算定する交通事故の請求基準を参考に慰謝料を算定し、事件の特異性などを考慮し、被害額を交通事故の三倍とした。

製造物責任法は製造業者が、製造物の欠陥で人の生命や身体を侵害した場合、生じた損害を賠償するように定めている。なお食中毒事件で製造物責任法での賠償責任が争われるのはこれが初めてであり、補償金額の算定方法をふくめて、その成り行きが注目される。この裁判の結果は今後の食中毒事件の賠償に際して一定の法的根拠を与えるものとなるであろうから、消費者側はいうまでもなく、とくに食品企業側にとっても大きな関心を持たれるところとなるであろう。

食中毒事件に際して、被害者が加害企業などに対して民事訴訟を起こした事例はこれまで多数ある。しかし十数年の、地裁、高裁での係争をへて、最高裁段階で和解が成立したカネミ油症裁判のように、そのほとんどが和解によって終結を見ている。

油症や砒素ミルク事件のような重篤（じゅうとく）な被害の場合と異なって、雪印乳業食中毒事件のような細菌性食中毒による比較的軽微な食品被害の場合には、結果的に被害者一人当たりの賠償金額は小額となるであろうし、原告、被害者側には立証に要する費用などがかさむであろう。裁判の期間が長期化し、弁護費用が高額となり、しかも原告としての訴訟活動が煩瑣（はんさ）である、面倒である等の理由で、結局、提訴が敬遠されて、会社側と被害者間での直接的な賠償や和解が行なわれるようになることが多いものと思われる。

とくに、アメリカのような訴訟社会ではないわが国の場合には、消費者が裁判の原告になることを余り好まず、結果的に、普遍的に発生している細菌性の一過性の食中毒事件では民事関係の賠償訴訟が起こされることはほとんど行なわれてこなかった。

しかし、裁判をとおして、①事件の本質と背景が明らかにされ、②加害と被害の実態が明確化され、③加害責任の所在が確認され、④そのことが同種事件の再発を防止するうえで大きな役割を果たすことになるのは明らかであって、個別交渉による補償金や和解ですべてを処理することは決して好ましいとは思われない。

実際上、民事訴訟が行なわれても、和解で終わった過去の事件では、真の問題点や関係者の責任が明らかにされないままになっており、その事件の社会的、経済的、行政的、あるいは医学的な意義までもが不明確になっている場合が数多く見られる。

細菌性食中毒などのように、比較的被害が軽微な場合には、被害者の代表者が訴訟を起こして、判決の結果が被害者全体に適用される、いわゆるクラスアクション制度をわが国でも適用できるようにするべきであろう。この仕組みでは被告の加害企業の側でも、裁判所の判決で定められた線に沿って対処できるという利点がある。今回でも、一万四〇〇〇名を越す被害者の個別の賠償金額を個人別の交渉によって定めるのは非常に困難なことである。

食品衛生法、製造物責任法、消費者保護基本法などに具体的に違反しているかどうかは別途慎重に検証されるであろうが、少なくとも、別項（九四頁）に示したような、雪印乳業側の過失、怠慢、規則違反、問題事項が消費者に甚大な被害をもたらしたことは明らかであり、被告側が相応する賠償責任をはたさねばならないのは当然のことであろう。

4　国と自治体の責任も免除されてはならない

(1)　公的責任の所在

法的責任は別としても、国と自治体には少なくとも行政的な責任が問われねばならない。そのほか国や自治体は住民に対して社会的、道義的、政治的な責任を問われる立場にもある。法的責任は既存の法律に抵触することによる責任であるが、この場合でも、現行の食品衛生法などが憲法や消費者保護基本法等の精神に照らして、常に完璧であるとは限らない。したがって、現行法に抵触しないから、ただちに企業や行政側には問題がなかったということにはならない。国や自治体が住民の安全を守り、人権を保護するために責任ある体制として存在するためには、社会的、道義的、政治的、行政的な責任を果たすための相応の努力が必要である。

食品被害は何の罪科もない消費者、住民に対する加害行為の結果として発生する。国や自治体は住民の被害に対して、以上に示したあらゆる責任を免除されることはできない。

食品衛生に関する根拠法の不備や食品衛生行政の欠陥も具体的に指摘されねばならない。一九九六年（平成八年）、食品衛生法の小改正が行なわれたさいに刊行された拙著『食品衛生法』（合同出版刊）に記載したとおり、現行の食品衛生法は制定以来、この半世紀の間、国際的、国内的な食品衛生環境の激変に相応した抜本的な改正が行なわれていない。食品衛生監視員の要監視施設、人口当りの配置人員の極端な不足、保健所定員の削減などが行なわれ、地域保健法関連の市町村地域保健センターへの移行がさらに食品衛生監視員の実務量を引き下げようとしている。指導・監視回数基準の無視、監視効率の低下によって、たとえば雪印乳業の大樹、大阪工場に対する指導、監視がおろそかになり、結果的にＨＡＣＣＰ関連の規定違反等の発見が困難であったことも否定できない事実である。

さらに典型的な事例を示すと、一九九六年の法改正ではＨＡＣＣＰの導入が行なわれたが、これは任意の届け出、承認制であった。罰則なし、食品衛生管理者設置義務の免除、監査体制の不備、ＨＡＣＣＰ認定後のフォロー規定の欠落なども顕著に認められた。したがってわが国ではせっかくのＨＡＣＣＰシステムを規制緩和の一環として定着させるような結果になり、今回の雪印乳業事件のような予想外の結果を引き起こすことになった。

その他、たとえば、乳等省令の細部の欠陥としては、

① 回収乳の再利用禁止の規定がない

② 脱脂粉乳の再利用禁止の規定もない。

③ エンテロトキシンなどの毒素検査の規定もない。

などがあげられる。

雪印低脂肪乳食中毒事件では、大樹工場、大阪工場の品質管理に問題があったことは明らかにされているが、もしも国が脱脂粉乳、低脂肪乳などの品質検査に際して、毒素、エンテロトキシンの定性、定量試験を義務付けておれば、この事件は未然に防止できていただろう。また停電時の製品の処置について、破棄、再利用の禁止などについての、罰則を伴うような厳格な規定があれば、毒素入りの脱脂粉乳が大阪工場に出荷されることもなかったであろう。実際に事件後、行政側も企業側もエンテロトキシン検査を実施して原因究明を行なっていたことを見れば、この事件の発生当時には、乳および乳等令での品質検査の項目に、ＰＣＲ法あるいは抗

体法などによる生物毒素の検査を義務付けることが可能であったと思われる。

危機管理についても、現行法の規定では極めて不十分である。たとえば食中毒及びその疑いがあるときの保健所への通報義務は現行の食品衛生法では医師にのみ課せられているが、特定の食品製造業の食品衛生管理者、食品衛生責任者にも一定の条件を定めて通報を義務付ける規定があれば、事件発生後の対応がより迅速に行なわれていたかもしれない。

(2) 衆議院厚生委員会での意見陳述

雪印乳業食中毒事件は冒頭に示したような、この事件の特徴にかんがみて、わが国の食品衛生に関する法律や行政のあり方に根源的な再点検を迫るほどの意義を持っていたにもかかわらず、国会や中央の行政の現場ではあまり大きな関心を持って取り扱われてきたようには思えなかった。今回の食中毒が、厚生労働省が推進してきた最高度の安全確保システムであったはずのHACCP承認工場で、しかもわが国を代表するトップブランド企業で発生した事故であって、国としても放置できない事態であったにもかかわらず、食品企業の安全管理の実態についても、さほど注目されてきたとも思えない。時あたかもわが国の生協などの消費者団体が要求している食品衛生法の改正との関連性で言うならば、食品被害の予防にとって多数の教訓を呈示しているこの事件が、国会の場で、国民の食生活の安全確保の観点から、ほとんど問題にされてこなかったというのは極めて遺憾なことである。

二〇〇〇年（平成一二年）八月七日、第一四九回国会衆議院厚生委員会では午前一〇時から雪印乳業大阪工場食中毒事故等に関する問題の審議が行なわれた。政府参考人三氏のほか、一般参考人として出席したのは、雪印乳業株式会社代表取締役社長・西紘平氏、国立感染症研究所食品衛生微生物部長・山本茂貴氏、ジャーナリスト・平沢正夫氏と著者の四名であった。

この時点では大樹工場での停電事故による脱脂粉乳のエンテロトキシン汚染はまだ判明しておらず、そのために、かえって、全般的に食中毒事故発生の原因を広い角度から検討しようとする見解が述べられており、参考人席にいた著者には非常に興味が深かった。以下に厚生委員会会議録に記載されている発言内容の要旨（文責は著者）を示す。

(1) 西紘平氏の陳述

はじめに、弊社の事故が大きな被害をもたらしたこと、さらに製品の回収と情報の開示のおくれ、事故後の原因に関する説明が二転三転したこと、記者会見時の発言の不手際があって信頼を損なったことには弁解の余地がなく、被害者とその家族に深くお詫びする。牛乳販売店、取引先、酪農家、株主、関係当局にも陳謝する。食品の安全性に対する不信感を蔓延させるような事態を引き起こして食品業界全体、国民へのお詫びをいたしたい。

1　原因の究明と事故の拡大について

①パイプラインの汚染、②調合過程での汚染、③製品再利用過程での汚染、④屋外での脱粉

の溶解作業における汚染が想定される。さらに工程中の複合汚染の可能性を追及することも必要。事故発生時の初期動作での危機管理体制の甘さがあったために、本来なら回避できたはずの多くの方々に苦しみをもたらし痛恨のきわみである。

2　再発防止に向けて

厚生労働省から指示された事項を遵守する。

①　エンテロトキシン検査を採用する。

②　牛乳類以外の全商品にも黄色ブドウ球菌検査を増強する。

③　牛乳類の一旦容器詰をした商品の再利用を禁止する。

④　商品安全監査室を設置する。

⑤　危機管理体制を再構築する。

3　責任体制と厳正な処分

経営責任を明確にする。社長と八名全員の取締役の退任。事故関係者の社内処罰。社会的、社内的な責任を明確にする。

事故の真相を徹底究明し、再発防止に全力を傾注する。

4　補償問題

社員が一軒一軒訪問してお詫びとお見舞いをする。お客様ケアセンターを設置する。酪農家、牛乳販売店、取引先への補償問題には誠意を持って取り組む。

「安全を提供しつづける雪印」を体質化するように努力したい。今回の不祥事を重ねて深くお詫びして意見の陳述とする。

(2) 山本茂貴氏の陳述

HACCP承認工場での事故であったことに驚いた。HACCPについて以下、簡単に解説する。

1 従来の安全性の検査確認法とHACCP方式との相違点。
2 七つの原則と一二の手順について
3 一般的衛生管理プログラムについて

今回の雪印乳業の食中毒事故では、従事者の教育訓練、衛生管理、施設、器具の洗浄、殺菌等の基本が十分できていたか、HACCP承認後の変更、内部、外部からの検証が行なわれていたか、規定のマニュアルどおりに行なわれていたか、などが問われる。

(3) 藤原邦達の陳述

著者が強調したのは、この事件では企業の過失、怠慢もたしかに問題ではあるが、その企業を指導、監督する、いわば公的責任を担っている食品衛生行政とその根拠法である食品衛生法が今日的な課題に対して的確に対応できるものであったのか、ということであった。

食の安全は人権の基盤にある重要課題である。食生活の安全を守る公的な仕組みや取り組みをいっそう強化せねばならない。今回の事件から多くの教訓を学ぶことができる。

著者の陳述は概略、本書に示した内容に即したものであった。

(4) 平沢正夫氏の陳述

新潮誌、文藝春秋誌に同氏が既に執筆しておられた内容に沿って話された。

最大の問題点は牛乳が生鮮食品か、工業製品なのかということである。

生鮮食品に再利用、再加熱ということは本来おかしいことである。

超高温殺菌では乳酸菌も含めてすべての菌が死滅する。カルシウムも変性する。低温殺菌のパスチャリゼーション牛乳を雪印乳業は一滴も出していない。消費者は、牛乳は生鮮食品だと思っている。今回の事件を契機に、牛乳作りのあり方をもとの生鮮食品に戻すために、どうすればよいのか、ということをメーカー、消費者を含めて研究し実行するように求めたい。

その後、八月一八日になって大樹工場での脱脂粉乳汚染の事実が発覚して事件の真相が判明したあと、国会では雪印乳業食中毒事件についての集中的な審議は全く行なわれることがなかった。事故が風化しないうちに、この事件から何を学ぶか、と言うことに論点を絞って、雪印乳業、厚生労働省、大阪市の関係者と専門家、参考人が出席して、今回の食中毒事件を全体的に総括するための論議が必要であった。

今から考えると、この時点での徹底した総括の欠如こそが、その翌年の雪印食品による表示偽装事件の発生を許す理由になったといえるのではなかろうか。

第5章　食品被害情報の交流と開示を再点検する

雪印乳業食中毒事件では、危機管理の一環としての、会社側、行政側の情報処理のあり方にさまざまな問題点が認められた。

1　食品被害情報の経路は

食中毒事件では、図5に示すように、各種の情報が発信され、受信され、複雑に交錯する。消費者、市民は各種の経路を介して被害を訴えることになる。それらの情報を当事者の企業や行政が如何に、迅速、確実に把握するか、そしてそのあとで如何に的確に評価して対処するかによって被害の拡大が左右されることになる。情報処理のあり方は危機管理の決定的な要因である。たとえば食中毒事件の認定に伴う企業の社告や行政の情報公開の遅延が被害の重篤化を招いた事例はこれまでにも数多く見られる。

別の項で示したように、雪印乳業食中毒事件では会社側、行政側の危機管理のありかたに問題があった。事件初発時点での、消費者からの苦情、自訴を正しく捉えて緊急に対処すること

図5　食品被害情報の交流経路

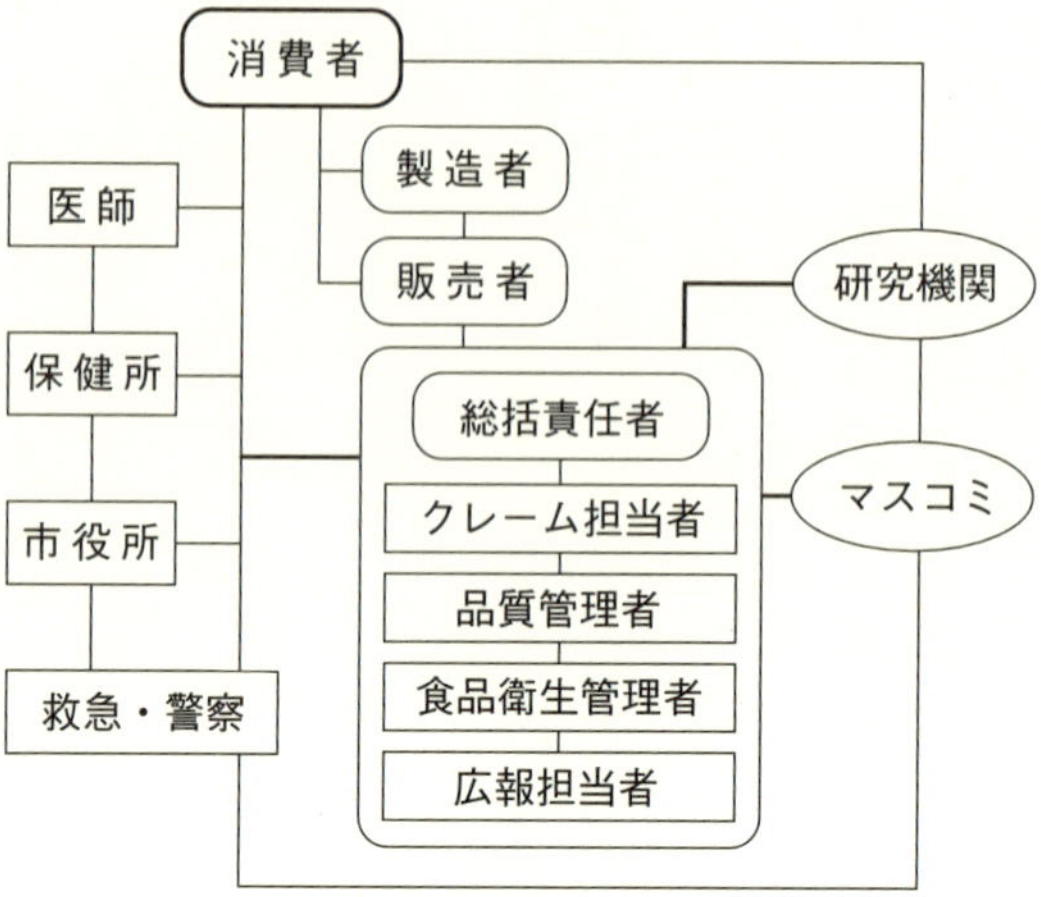

ができなかった。相当数の消費者は知らされないままに、汚染牛乳を飲み続けたに違いない。今回は、すでに病床におられた、御高齢の一婦人の場合を除いて低脂肪乳中のエンテロトキシンの量が致死量に達したような事例はなかったが、現にＯ・１５７事件の際には、病原性大腸菌が産生したベロ毒素によって数名の学童たちが犠牲になった。

古く一九六八年のカネミ油症事件の場合には、二月時点に発生して鶏が大量死したダーク油事件を当時の農水省は厚生省に通知しなかった。厚生省は同じ工場の同じ原料、同じ工程で人の食用油がつくられていることを知っていながら、情報開示を怠った。そしてＰＣＢで汚染されているとは知らされないまま、北九州一帯の消費者は油症が発覚した八月時点まで有毒な食用油を使用し続けて、ついに一万名を越す被害者を出したのである（拙著『PCB汚染の軌跡』医歯薬出版刊、を参照）。

商品を取り扱う企業や事業体は、図5に示された各種の経路に着目して、情報の入手や把握のために敏感であらねばならない。また情報の解析、評価のための社内的な体制を整備しておかねばならない。さらに日常的な訓練をとおして、情報の開示、周知のための手法をマスターしておく必要があるだろう。

2　危機管理での情報開示のありかたは

(1)　情報開示の原則は

消費者に対する、食中毒事件関連の情報開示は、①確実、②迅速、③周知という三つの条件を満たすものでなければならない。

すなわち、①たとえ確実であっても、迅速でなく、周知されないのであれば、また、②たとえ迅速でも、不確実であり、一部の人々にしか知らされない、あるいは、③たとえ周知されたとしても、確実、迅速でなければ、いずれも無益であり、かえって有害でさえあることに注意せねばならない。

ところで、①の「確実」に関しては、「概要確定資料」が作成可能になった段階で公表せねばならない場合があることに留意しておく必要がある。たとえば食中毒の原因細菌名が不明の場合でも、原因食品が明らかであれば公表して早急に回収し、飲食を禁止する。この点については森永事件、あるいは油症事件などでの苦い体験がある。「原因決定資料」の作成が終了するまでには相当な時間が必要である。原因決定まで公表を遅らせれば被害者が続出する。

②の「迅速」には常に拙速の危険を伴う。勇み足の失敗を伴う。しかし消費者を守るためには、勇み足の失敗を恐れてはならない。行政側が勇み足によって業者に損害を蒙らせた場合には、賠償の責任をとればよい。

通報された事実への対応は迅速でなければならない。職員にはクレーム等の対応についての特別な訓練を必要とする。

確実、迅速であるためには、客観的、具体的な、職員当事者のための行動基準の設定が必要である、通報に関わる義務規定としての、具体的なマニュアルが存在することが望ましい。安全性の確保、人命の優先に関わる職員、担当者の裁量を肯定的に認めることも大切である。

情報公開は常に正しいとは限らない。不正確な情報、作為的な情報を恣意的に流すことの実害を恐れねばならない。プライバシーに立ち入った情報公開は正しくない。判断は慎重でなければならない。原則的に、組織的、公的な情報関連業務が遂行されていなければならない。

「周知」とは、わかりやすい方法を採用し、不特定多数の消費者が注意事項、禁忌事項などについての認識をできる限り正確に共有できるようにすることを意味する。情報周知手段の一環として、マスコミ等の協力を要請するのは当然のことであり、緊急時には一般の商業広告等とは異なった報道や掲載を行なうことができるような規定を設けるべきである。

雪印乳業食中毒事件では、会社側は七月二九日の夕刊に社告を掲載しようとしたが、夕刊紙面での「枠取り」ができなかった、と述べている。そのために翌日の朝刊に掲載されるまで一般消費者は真相を知ることができなかった。食中毒に関する社告は商業的な広告枠とは別個の、緊急、特別な取扱いがなされるよう、法的に規定する、あるいは行政側が強力に指導するべきである。

(2)　通報義務規定の改正を行なえ

従来、食品衛生法では、食中毒の事実あるいは疑いがあるときの保健所への通報義務は医師にのみ課せられていた。しかし最近の大規模食中毒事故の頻発と関連して、通報義務者の範囲を、特定する営業業種の食品衛生管理者あるいは食品衛生責任者にまで拡大する、このような義務規定を追加、新設することによって食中毒発生時の初期対応は相当に迅速になるであろう。もちろん、食中毒あるいはその疑いがあると認定された場合に、製造所あるいは店舗などの食品衛生責任者がいちはやく保健所に通報するための前提条件は正確に定めておかねばならない。

通報者は日常的に食品衛生に関する教育、訓練を受ける。さらに有事にはその企業の産業医等と連携をとることを義務付けるなど、通報内容に誤りがないように、しかも迅速、確実に食中毒情報が行政側、保健所などに把握されるようにすることが求められる。

3　大阪市は公表指針を改定した

(1)　公表指針の改定

二〇〇一年（平成一三年）三月三〇日、大阪市環境保健局では、大阪市食中毒対策要綱の第二条および第一四条を改正して、「食品製造業における食品事故に係る公表指針」を表13のように策定することになった。

すなわち、大阪市では、食中毒が発生した場合、健康被害と原因施設・原因食品の因果関係が明確になった時点で「大阪市食中毒対策要綱」第一三条に基づき、市民等に情報を提供するため報道機関等へ事件の公表を行なってきたが、今回の雪印乳業の食中毒事件のような、食品製造業を原因施設とする食中毒が発生すると、大規模になる可能性が極めて高いことに配慮し、市民への積極的な情報提供に努めることにした。そして「健康被害の拡大防止を図るためには、健康被害と原因食品等の因果関係が明確になる以前の段階、すなわち、健康被害と推定原因食品の因果関係における蓋然性と被害拡大の危険性が高いと判断した時点で、公表する必要があることから、新たに『公表指針』を定めるものである」としている。

公表指針の策定にあたっての基本的な考え方の要点についてはつぎのように示されている。

①　公表指針の前文において、原因が確定されていない段階での情報提供は、本来製造者の

社会的責任であるが、これを履行しない場合、市民へ情報提供することは行政の責務であることを明文化し、積極的に情報提供を行なっていくという姿勢を示す。

②　本市の保健センターはもちろんのこと、関係府県市に積極的に確認を行なうとともに、当該製造者の関係先にも確認させる等、情報の収集と確認の徹底を図る。

③　判断基準としては、a疫学的分析結果、b原因食品の推定、c被害の拡大の三条件に限定し、三条件が揃い、蓋然性が高い場合は公表する。

結果的に、大阪市食中毒対策要綱の基本方針の第二条に、「市民への積極的な情報提供に努めるものとする」を追加した。

さらに、対策の決定の第一四条に、「「食品製造業における食品事故が発生した場合、被害の拡大防止を図るための公表の判断は、環境保健局長が会議を招集し、別途定める公表指針に基づき決定するとともに、必要に応じ、市長及び助役に報告するものとする」を追加した。

改正前と改正後の第二条と第一四条は表14に示すとおりである。

(2)　「公表指針」の改定に対する評価は

雪印食中毒事故に際して、大阪市の行政当局に対しても、予防、予知対策、初動機能、広報、情宣などの危機管理対策に関して相当な批判があった。

市当局がこの事件から得た教訓を生かして、以上のような食中毒対策要綱の改正を行ない、

(3)「健康被害」とは、食品を喫食したことにより、嘔吐、下痢、腹痛等の胃腸症状など、身体の異常をいう。
(4)「公表」とは、本市が事件の概要についてマスメディア等を通じて情報提供することをいう。

4　情報収集

飲食店等を原因施設とする一般食中毒の調査内容以外に、次の事項について積極的に情報収集を図る。

(1)　行政機関からの情報収集

本市の各保健センター、消費者センター及び推定原因食品が流通する都道府県市に同様届出の有無を確認する。

(2)　営業者からの情報収集

同様苦情の有無を本社、工場、支店等全ての関係機関に問い合わせるよう指示するとともに、業者が把握している情報の内容を行政側で確認する。

5　情報分析

健康被害と推定原因食品の因果関係における蓋然性と健康被害拡大の危険性について、次の事項に関し、収集した情報を迅速に分析する。

(1)　健康被害者等の喫食調査及び臨床症状に基づく疫学的分析
(2)　使用原材料・製造工程等に基づく推定原因食品及び原因物質の分析
(3)　推定原因食品の製造量、販売状況、流通期間等に基づく被害拡大の分析

6　公表の判断基準

次の条件をすべて満たし、蓋然性が高いと判断される場合、本市が公表する。

(1)　複数のグループから相当数の健康被害者が発生しており、疫学的分析結果が一致している。
(2)　原因食品が推定できる。
(3)　被害の拡大が予想される。

出所）大阪市環境保健局資料

表13 大阪市の「食品製造業における食品事故に係る公表指針」

（平成13年3月30日策定）

はじめに

平成12年6月、雪印乳業㈱大阪工場製造の低脂肪乳等による食中毒事件が発生した。原因は、原料として使用された同社大樹工場製造の脱脂粉乳であり、患者数は、13,420名に達した。

本市では、最初の届出を受け、雪印乳業に対し自主回収、社告等の行政指導を行い健康被害と低脂肪乳との因果関係が疫学的調査結果等により確認された時点で、事件の公表を行ったが、被害の拡大防止の観点から、企業のみならず行政の危機管理体制の問題が指摘された。

複数の健康被害が発生した場合、食品製造者の社会的責任は、その発生原因が究明できていない時点であっても、自主的な判断により推定原因食品の「製造自粛」「自主回収」及び「死守公表」を行うことである。

製造者がその社会的責任を履行しない場合、市民に情報提供することが行政の責務であることから、今回の食中毒事件を教訓にして、合理的根拠を担保しながら、消費者の「健康被害の拡大防止」のために、積極的に公表を行う。

1　目　的

近年、食品の製造技術が高度化するとともに、大量生産された食品が広域かつ複雑多岐に流通している。このような状況において、ひとたび、食品製造業を原因施設とする食品事故が発生すると、大規模になる可能性が極めて高い。このことから、消費者へ迅速に情報提供を行うことにより、健康被害の拡大防止を図ることを目的とする。

2　適用範囲

この指針は、「食品製造施設において製造された食品により健康被害が発生し、健康被害の拡大が懸念される場合」について適用する。

3　定　義

この指針で用いる主な用語の定義は、次による。

(1)「食品製造業」とは、製造施設で食品を製造し、不特定多数の者を対象に販売等を行う又はこれに類する業態をいう。

(2)「食品事故」とは、食中毒及び有症苦情をいう。

新規な公表指針を策定したことは評価されてよいことであろう。この際以下の点についてさらに要望を加えておきたい。

① 大阪市は今回の公表指針を食品製造業（製造施設で食品を製造し、不特定多数の者を対象に販売等を行う又はこれに類するもの——大阪市の定義）に限定しているが、製造は行なっていなくても、今日時点での大規模な食品販売、あるいは食品供給施設であるスーパーマーケットや学校、工場給食施設などでも大規模な食中毒事件が起こりうる、現実に起こっていることに配慮して、現行の「食品製造業」の限定をはずして、「大規模な食品の製造及び取扱い業種」としてその範囲を広く定めるように、対策要綱の改正などを行なうべきである。実際に一九九八年（平成八年）に発生した大阪市に隣接する堺市での学校給食食中毒事件の際には、行政側の混乱に基づく情報の伝達、公開の不手際が、消費者、市民の不安を異常に増大させることになった。こうした体験を踏まえた改正が行なわれることが望ましい。

② 公表指針の基本的な考え方では「原因が確定しない段階での情報提供は、本来製造者の社会的責任であるが」としているが、消費者、市民の側から見て、はたして、原因が確定しない段階での情報提供が本来製造者だけの社会的責任である、といえるのかどうか。企業が「これを履行しない場合」に、始めて行政が乗り出して「市民へ情報提供する」ことでよいのかどうか問題が残る。このままでは、原因食品製造者が今回の雪印乳業の場合の

表14　大阪市食中毒対策要綱の一部改正

「大阪市食中毒対策要綱」の第2条及び第14条を次のとおり改正し、「食品製造業における食品事故に係る公表指針」を別紙のとおり策定する。

改　正　後	改　正　前
（基本方針） 第２条　食中毒事件の処理に当たっては、市民の生命、健康に関わるものであるとの危機意識を持ち、科学的かつ客観的な評価を行うとともに、市民への積極的な情報提供に努めるものとする。 ２　調査に当たっては、患者等の人権に配慮しつつ、関係者の十分な理解を得て行うものとする。	（基本方針） 第２条　食中毒事件の処理に当たっては、市民の生命、健康に関わるものであるとの危機意識を持ち、科学的かつ客観的な評価に努めるものとする。 ２　調査に当たっては、患者等の人権に配慮しつつ、関係者の十分な理解を得て行うものとする。
（対策の決定） 第14条　保健所及び保健センターは、食中毒が発生した場合には、「食中毒処理要領」に定めるところにより食中毒の処理に努めるとともに、被害の拡大防止及び再発防止の観点から対応を検討し、必要な措置等を行うものとする。また、他部局等の所管に関する場合は、生活衛生課に当該関係部局等との協議を依頼するものとする。 ２　生命への危険が懸念される食中毒及び発生規模が大きく広域にわたると懸念される食中毒に関して、重要な対策の決定は第４条第７項による会議を開催の上、環境保健局長が行うものとする。 ３　環境保健局長は、生命への危険が強く懸念される場合又は重篤かつ大規模な食中毒が発生した場合の対策決定等特に重要な決定を行った場合には、市長及び助役に報告するものとする。 ４　食品製造業における食品事故が発生した場合、被害の拡大防止を図るための公表の判断は、環境保健局長が会議を招集し、別途定める公表指針に基づき決定するとともに、必要に応じ、市長及び助役に報告するものとする。	（対策の決定） 第14条　保健所及び保健センターは、食中毒が発生した場合には、「食中毒処理要領」に定めるところにより食中毒の処理に努めるとともに、被害の拡大防止及び再発防止の観点から対応を検討し、必要な措置等を行うものとする。また、他部局等の所管に関する場合は、生活衛生課に当該関係部局等との協議を依頼するものとする。 ２　生命への危険が懸念される食中毒及び発生規模が大きく広域にわたると懸念される食中毒に関して、重要な対策の決定は第４条第７項による会議を開催の上、環境保健局長が行うものとする。 ３　環境保健局長は、生命への危険が強く懸念される場合又は重篤かつ大規模な食中毒が発生した場合の対策決定等特に重要な決定を行った場合には、市長及び助役に報告するものとする。

下線部分が今回改正する部分　　　　出所）大阪市環境保健局資料

ように、公表を拒否、逡巡したりする場合には、行政側が、説得や「履行しない場合である」ことを認定するまでに時間が経過して、被害範囲が拡大する可能性が残るのではないか。

③ 判断基準としては、「疫学的分析結果、原因食品の推定、被害の拡大の三条件に限定し、三条件が揃い、蓋然性が高い場合は公表する」としているが、戒告、営業停止などの行政処分は、「被害の拡大」条件がなくても行なわれるのであり、被害の拡大がなければ知らせる必要がないわけでもなく、万一にも被害の拡大がないように早期に迅速に広報するのであるから、「三条件に限定し、三条件が揃い、蓋然性が高い」などという規定は余りにも厳格過ぎて、実際上身動きが取れないのではないか。

④ 「公表の判断は、環境保健局長が会議を招集し」、「必要に応じ、市長、助役に報告するものとする」とあるが、このような対応には相当な時間が必要になるのが通例である。むしろ、現行の食品衛生事故の場合には、営業施設に対する処置は現場の保健所の長の権限に委ねられているのであり、保健所がすべての情報を把握しているのであるから、公表に関しても、所轄の保健所長が決裁し、局長、市長への報告は事後に行なうようにするほうがよいだろう。ただし、大阪市のような、全市一保健所体制では、複数事故が集積した場合などで複数会議の開催、何段階もの報告、決裁を行なうことには相当に無理が生じるのではなかろうか。

⑤ 国が大阪市の改正された対策要綱と、少なくとも同水準の新規な公表指針を示すことが

望まれる。

⑥　各自治体も大阪市と同様な情報公示対策の強化に取り組むことが望ましい。

⑦　食中毒原因企業が、食中毒事故に際して、行政側の勧告に従わず、公表を怠った場合、遅延した場合の法規、条例での罰則についての規定を設けるべきである。いうまでもなく公表、情報公開のための要件は正確に定められねばならない。

⑧　公表指針は、本来は国の食品衛生法を補強して、危機管理の条項を設けた上で、その中に位置づけるべきである。条例はそのための法改正の前提であるという認識を持たねばならない。

食品被害の公表、広報問題については、今回の雪印乳業食中毒事件だけでなく、Ｏ・１５７事件や原因が化学物質に起因した油症、森永砒素ミルク事件などの過去の多数の食品被害事件の場合を参考にして、慎重に対処することが望ましい。食品衛生法や自治体の関連条例などが制定された時点と今とでは情報媒体のあり方も大きく変化しているから、本気でとりくめば周知対策の効果も非常に大きいものと思われる。

従来、現場の担当者の判断に委ねられていた消費者、市民に対する公表、広報が今回の大阪市の公式な「公表指針」の改定によって、明確な行政側の責務として積極的に位置づけられるようになったことは高く評価されてもよいだろう。

第6章　食品関連企業の役割を再点検する

報道によれば、事件発生後の二〇〇一年三月期の連結決算で、雪印乳業では収益の立て直しのため、既に閉鎖をきめている牛乳関連の五工場に加え、新たに静岡、北陸（石川県）、広島の三工場を閉鎖し、職員一〇〇〇人の削減を行なう予定であることを明らかにした。連結決算では売上高が前期比で一一・四％減の一兆一四〇七億円と大幅な減収、経常損益は前期の一七億円の黒字から五八九億円の赤字に転落した。製品の回収・廃棄や被害者への補償など約四三四億円の特別損失を計上した結果、当期損益も五二九億円の損失で上場以来の大幅な赤字になったとされている。なお雪印乳業は二〇〇〇年九月の中間決算で明治乳業、森永乳業に抜かれて、四三年間守ってきた売上高業界首位を奪われた。

食品関連企業が食品事故を発生させた場合には、時には死傷者を出すほどの被害を消費者に与えるだけでなく、社運を制するほどのイメージダウンを引き起こして、業績の低迷、転落を招くことは今回の雪印乳業の場合に限らず、幾多の前例からも明らかである。

このあと雪印乳業は子会社の雪印食品の牛肉表示偽装事件によって、さらなるダメージをうけることになる。

1　食品衛生管理の状況を再点検する

雪印食中毒事件の教訓を踏まえて、各関係企業は食品事故の発生を予防するために、あるいは危機管理を徹底するために、この際、以下の事項について再点検を行なわねばならない。

① 製造工程の食品衛生管理方式と管理状況の実態
② 未届け、変更した工程や書類等の処理
③ 危機管理方式とその実効性
④ 情報管理方式とその実効性
⑤ 情報公開方式とその実効性
⑥ 各工程の管理責任者の確認と任務、権限と責任の所在
⑦ 役職員の食品衛生関連教育、学習、訓練の方式とその実施状況
⑧ 現場職員の士気とモラルの実態
⑨ 社長、専務、幹部役員の現状認識
⑩ 改善計画の立案と必要な予算の計上
⑪ 地域社会、消費者との関係
⑫ 学識経験者、専門家との連携

以上の諸事項に関しては、社長直轄の組織として、食品衛生再点検委員会を設置して、運用にあたることが望ましい。同業各社を意識して、行政側や消費者側の評価に耐えられるような取り組みにせねばならないだろう。

雪印乳業がこの事件の反省を踏まえて策定した再発防止策、表9（九九頁）は同業他社にとっても十分参考にすることができるだろう。停電、災害、犯罪等が発生した場合の危機管理ひとつをとってみても、企業の死命を制するような事態が起こり得る。雪印乳業食中毒事件がもたらした貴重な教訓に学ぼうとしないのは非常に愚かしいことである。

2　各企業はどう取り組んでいるのか

一九九八年（平成一〇年）二月、農水省統計情報部は、平成九年度第一回全国アンケートの結果として、「流通加工業者モニターを対象に、安全な食品の提供に向けた取り組み状況について把握し、今後の農林水産行政施策の推進等の参考資料とする目的で実施した」とする、「安全な食品の提供について」と題する調査結果を公表している。

このアンケートは一九九七年（平成九年）七月に実施されたが、ちょうどこの時期には、その前年の九六年に堺市でＯ・１５７事件が発生し、食中毒問題が大きな話題となり、製造加工業での食品衛生のあり方が国民、消費者の注目の的となっていた。したがってこのアンケート調査の結果は食品の安全確保について企業側がどのような考え方であり、いかなる対応を行なおうとしているか、を示すものであると思われるので、その重要な部分を紹介しておくことにする。

(1)　安全な食品を提供するための最近の対応状況

業者の安全な食品の提供についての最近の対応状況では、「新たな対策を実施した、あるいは計画がある」、「従来の対策で十分であるので、新たな対策を実施しない」と回答した業者の割合は、それぞれ四割強、「新たな対策を実施したいが、できない」が一割強であった。

「新たな対策を実施か、計画がある」の場合、割合が最も高かったのは食品製造業であり（約六〇%）、ついで生鮮卸売業、外食産業、食品小売業で、最も低かったのが食品卸売業であった。

また概して年間の販売額が大きいほど「新たな対策を実施か、計画がある」の割合が高くなっている。一〇億円以上の企業では約六〇%に達しているが、一〇〇〇万円未満では約一〇%程度になっている。当然のことながら零細な大部分の企業では、「従来の対策で十分」であるとする傾向があることがわかる。

(2)　安全な食品を提供するための具体的な対策の内容

「新たな対策を実施、あるいは計画がある」と答えた業者の具体的な対策は次のとおりである。

①施設・機械・器具の導入・改善
②製造、加工、調理、保管、輸送、陳列方法の改善
③安全検査機器の購入・改善
④安全検査方法の導入・改善
⑤トイレ・更衣室等周辺施設の整
⑥従業員に対する衛生検査の導入・改善
⑦従業員向けの研修会の実施、マニュアルの作成
⑧容器・包装の改善
⑨安全性に関する新たな表示（安全性点検実施済み等）等の実施
⑩HACCP等、高度な衛生管理システムの導入
⑪食品、食材の仕入先・輸入先または仕入れ先の変更

一般に食品関連企業が食品衛生対策を実施する場合のほとんどすべてが以上に示されているが、このうち②と⑦が最も高率で、約八〇％を超えている。業種別では、外食産業が最も高率であり、実施済みが約六〇％を越えている。実施中を含めると約八五％になっている。

また「トイレ・更衣室等周辺施設の整備」では、実施あるいは計画している業者は七六・四％であった。業種別では食品製造業の割合が最も高かった。

「従業員に対する衛生検査の導入・改善」項目で、「実施済み」、「実施中」では食品製造業と外食産業が最も高く、七五％を越える割合であった。また年間の販売規模別では規模が大きいほど割合が大きかった。

「従業員向けの研修会の実施、マニュアルの作成」では、「実施済み」の割合の最も高いのが食品小売業であり、五〇％を越えていた。「実施中」のものをあわせると食品製造業と食品小売業が最も高く、約六五％で、さらに「実施の計画あり」を合わせると八〇％を越えていた。さらにすべての産業で「実施済み」、「実施中」、「実施の計画あり」をあわせると七〇％を越えるという結果が得られた。

研修会、マニュアルの作成の回数や内容などの実際が問われるとはいえ、今日の食品関連産業では、従業員の教育、学習に大きなウエイトが置かれていることがわかる。しかし、細菌学の常識である「殺菌によって菌数はゼロになっても、その細菌が産生した毒素がなくなるとは限らない」という程度のことが全く理解されていなかった雪印乳業大樹工場の場合、あらためて職員研修の内容や実態がどうであったのかが問われることになるであろう。

「ＨＡＣＣＰ等高度な衛生管理システムの導入」では、食品製造業で「実施済み」、「実施中」、「実施の計画あり」が約五〇％を超えているが、その他の業種では約三〇％またはそれ以下であった。もちろん「実施済み」は各業種とも約一〇％以下であった。ただしこの数字はその後に雪印食中毒事件を経験してきた現時点では相当に変化しているであろう。

「食品、食材の仕入先・輸入先または仕入れ品の変更の具体的な対応内容について」の結果で、注目すべきことは、実施あるいは計画している業者が七ないし九割をしめていることである。「有機、減農薬のものの仕入れを増加」をみても七〇％以上にもなっている。信頼度の高い農林水産業者・生産地のものの仕入れを増加」、「信頼度の高い流通加工業者からの仕入れを増加」でも約九〇％に達している。これは今日の食品関連企業が安全性問題に高い関心を持っていることを示している。

最近では遺伝子組み換え食品問題が登場しており、非遺伝子組み換え大豆等の需要が大きくなっている。消費者の安全性に対する期待を裏切らない配慮がなければ営業が成り立たない時代が来ているように思われる。

(3) 対策を講じるにあたっての課題

このアンケートの結果は各企業の安全確保についての現状や意識の実態を知るうえで非常に参考になる。

安全性問題に関心のある「新たな対策を実施した、あるいは計画がある」または「新たな対策を実施したいが、できない」という企業についてアンケートした。すなわち、安全性についての意識層に関する調査が行なわれた。その結果では、「個別企業の対応では限界がある」が最も多く五〇％に達していた。また「情報・知識が不足」、「資金が不足」が約四五％になっていた。

「個別企業の対応では限界がある」について、さらに業種別に調べた結果では、次のように書かれている。「一つの企業が安全性をＰＲしても、業界全体で行なわないと効果が見られなかったり、製造業者が安全性に気を配っても消費者のところに行き着く途中段階で安全性を怠っては何もならないといった「個別企業の対応では限界がある」について、「そう思う」とする業者が四九・八％で、「そうは思わない」の二一・六％を大きく上回っている」。

業種別では生鮮卸売業及び外食産業では、「そう思う」が約五四％で他の業種より高かった。

(4)　安全な食品の提供に当たっての消費者への要望

「食品の購入後は、表示等に従い保管・調理等をしてほしい」が最も「強く要望」されており、「食品の購入等で、不確かな情報に惑わされないでほしい」がこれに次いでいる。また「強く要望する」、「要望する」業者が八ないし九割を占めているのが特徴的であった。

従来、安全性問題についての消費者の意識調査は国、地方自治体や消費者団体等で行なわれていて、相当数の報告事例を見ることができる。しかし、安全性問題についての企業側の考え方や取り組みの実体はそれほど明らかにされてはいなかった。その意味で以上の統計情報部のアンケート調査の結果は貴重であるといえよう。食品関連各社はこの調査と対比して自社の食品衛生管理の水準を知ることができるだろう。

(5) このアンケート調査の問題点

あえて今回の調査の問題点を示すと次のとおりである。

① この調査では、たとえば問われている各項目での「計画」や「対策」、「導入」「整備」の内容は不明である。「計画がある」とした場合の中身こそが問題なのである。その計画や対策の水準や規模がどのようなものであるか、を知ることが必要である。「研修会の開催」についても同様であり、その研修会の回数、講師の専門性、従業員の出席状況、役員、幹部のための研修の企画の有無などが問われる。安全性の確保については、従業員の研修ももちろん大切であるが、それ以上に幹部、役員、生協や農協等では理事、役職員の研修は不可欠である。本当はそのような実態こそが問われねばならない。

② 全体に計画あるいは対策の予算規模が見えてこない。「計画」や「対策」が「ある」などと言うことは簡単だが、その内容、あるいは水準を実測することができるひとつの指標が、「計画」、「対策」あるいは「研修」のための費用の売上高に対する比率であり、ウエイトであり、その推移である。

③ 「安全な食品を提供するための具体的な対策の内容」での各事項については、各企業ごとに導入、実施、改善の程度が異なるであろう。たとえば「施設・機械・器具の導入・改

善」よりも「トイレ・更衣室等周辺施設の整備」のほうが重要である業種もあるだろう。このアンケートの結果を参考にしようとする企業にとって、業種別の重点の置き方を知りたいとするのは当然であり、そうした角度からの解析も可能であったはずである。

④　安全性の確保のための実効性を担保するものとしての社内組織の有無やあり方が非常に重要である。たとえば社内の安全性検討チームの存在やその運用のあり方などが明らかにされねばならない。また外部の専門家との連携のあり方なども問われるところである。さらに各種の社内的なQC（品質管理）チームの組織化が奨励されているか、運用が正常に行なわれているか、が問題になる。

④　社内における食品の衛生保持に関する各部門の担当者の責任と権限の在り方が問われねばならない。食品衛生管理者や食品衛生責任者の任務が正当に遂行されているかどうかが問題になる。また工場長や社長の関与のあり方なども食品の安全確保のためには最も重要である。

⑤　製品の安全確保についての職員の士気が高いか、低いかの認識が問われる。とくに幹部職員、社長や理事役員の安全性についての意識の水準が問われる。このアンケートではそのような最も肝心なポイントを明確にしようとする意図が見られない。

⑥　危機管理体制のありかたは雪印乳業食中毒事件で最も問題になったところであるが、このアンケートでは質問事項にすらなっていない。不幸にして食品の安全性の確保に失敗し

て、被害が発生した場合、そして大量のクレーム、苦情に対応する必要が生じた場合に、企業がどのように備えているかが問われねばならない。

⑦　情報公開のありかたや情報伝達の経路、速度、正確さなどを調査せねばならない。広報部門の広報実施の能力の程度も問題になる。

⑧　日常的な行政側との連携も重要である。保健所の食品衛生監視員との協力体制も問われる。たとえば「保健所との日常的な連携が十分行なわれていると思いますか」、「行政の指導・監視をどう思いますか」、「担当の食品衛生監視員の名前を知っていますか」などを聞かねばならない。

⑨　工程管理の記録の管理、活用や検収、決裁のあり方も衛生管理の要件であるが、このアンケートではそこまでは問うていない。雪印乳業の場合、大樹工場から大阪工場に送られた脱脂粉乳の帳簿への記載が不明確であったことが原因追及を大幅に遅らせた理由のひとつであった。

⑩　「安全確保対策を講じるに当たっての課題・問題」で「情報・知識が不足」、「資金、人材が不足」などと書かれているが、これもどの程度不足しているのかが問題になる。また「個別企業の対応では限界がある」としているが、実は、なぜ、どのような理由で「限界がある」のかが問われねばならない。これは食品の安全確保の上で最も重要なことである。法的、行政的な仕組みの不完全性が放置されている限り、個別の企業努力には「限界があ

る」、ということであるのか、単に一企業の非力さを嘆くものであるのか、を正確に知る必要がある。

⑪「従業員向けの研修会の実施」の割合が高かったことは印象的であった。従来、わが国では生協や農協は「安全、安心の砦」であるなどといわれてきた。そして、その最大の理由として職員の学習、教育が行き届いていることがあげられてきた。しかし今日では、あらゆる食品関連企業で、一様に職員の意識向上のための研修、教育に力が入れられるようになったことが理解できる。不況である、予算が乏しいなどと言う理由で職員の学習、教育、訓練を怠るような企業が例外的な存在になろうとしていることを知らねばならない。

このアンケート調査に回答した各企業の担当者は大方が事務系の役職員か、管理職であったかもしれないが、もしもこのアンケートを現場の従業員に回答させたとすれば、もっと異なった結果が得られたであろう。職員の立場から自社の製品の安全管理のあり方を見た場合、各項目で非常に異質で貴重な回答が得られる可能性がある。

また、このアンケートはO・157事件の直後に行なわれているが、より切実に、企業そのものの安全管理体制が問題にされた雪印乳業食中毒事件のあと、あるいは牛肉表示偽装事件が問題になっている現時点において実施された場合には、さらに興味ある結果が得られたことであろう。わが国のトップブランドの乳業会社がHACCPの承認工場の製品で一万五〇〇〇名にも達しようとする被害者を出したというような、あるいは表示を偽るというような信じがたい事態を前にして、このアンケートの程度では、食品の安全を守るための、真の問題点を見出すことはできないものと結論しないわけにはいかない。

今後さらに、国の機関や業界団体によって、調査方法や質問項目などに工夫を凝らして、食品の安全確保のために、本当に寄与することのできるアンケート調査が実施されることが期待される。同時に、このような調査が各社の安全管理体制の実際を比較、評価、検証する上で有効適切に活用されることが望まれる。

二〇〇二年一月に発生した雪印食品牛肉表示偽装事件以後、各地の企業での不正表示が問題になっており、企業倫理のあり方が厳しく問われようになった。食中毒事件の原因究明にあたって、表示の改竄が安全性の確保と密接な関係にあることはいうまでもないが、このアンケートでは表示に対する職員の意識や社内の体制については全く問われていない。今後はこれらの諸点についても十分に留意する必要があるだろう。

3 食品衛生管理者と食品衛生責任者を重視しているか

(1) 食品衛生管理者の設置義務

食品衛生法では、許可を要する業種のうち、次の業種については食品衛生管理者の設置が必要であるとしている。

全粉乳、加糖練乳、調製粉乳、食肉製品、魚肉ハム、魚肉ソーセージ、放射線照射食品、食用油脂、マーガリン、ショートニング及び規格が定められた添加物。

食品衛生管理者の資格は医師、歯科医師、薬剤師、獣医師のほか大学で医学、歯学、薬学、獣医学、畜産学、水産学、農芸化学の過程を修めて卒業したもの、実務経験があり、厚生大臣の指定した講習会を受講したもの、その他となっている。

一九九六年（平成八年）の法改正で、HACCP承認工場では食品衛生管理者の設置が免除されることになった。

(2) 食品衛生責任者の設置義務

食品衛生法第一九条の一八項二項に基づいて、都道府県知事が「食品衛生管理基準」を定めているが、その中で、営業者は食品衛生管理者を置かねばならない施設を除いて、許可施設ごとに自ら食品衛生に関する責任者（以下「食品衛生責任者」という）となるか、または当該従事者のうちから食品衛生責任者一名を定めておかなければならない、ただし、必要のある場合は増員（各部門ごとに構成されている場合）または減員（同一施設で複数の許可を有する場合）することができるものとされている。

食品衛生責任者の資格は、原則として、業種ごとに、栄養士、調理師、製菓衛生師または食品衛生管理者たる資格を有するもの、そのための講習会を受講して修了した者となっている。

(3) 行政と企業の担当者が協力することの必要性

今日の食品関連企業の製造工程は非常に高度化、複雑化しており、同時に食品の流通・販売の体系も非常に広域化、多様化している。さらに製造、販売の業種や分野の専門化も顕著であり、したがって行政側の食品衛生監視員の指導・監視の実効性を高めるためには、企業側の食品衛生管理者や食品衛生責任者の協力、立会いなどが絶対に必要になる。たとえば、雪印乳業大阪工場の製造現場に入ったときに、複雑に走っている配管群を正確に判別するためには相当に高度な専門的な知識を必要としたであろう。

大阪市の食品衛生担当部局の関係者は大阪弁護士会との雪印問題での懇談会において、次のように述べている。

「立ち入り調査の際には、目的に応じて関係する担当者から説明を受けたり、聞き取り調査をするために立会いを求める必要があり、事前に連絡することにしている。また雪印乳業（株）大阪工場のような大規模な工場では各担当部署が細分化しており、担当者が不在であれば、その部署の作業の詳細を確認するのは困難である」

「しかし、大阪工場のような大規模な施設の場合には、製造工程が複雑であるとともに施設内にパイプラインが錯綜しているため、施設担当者の説明を聞きながらの監視となりがちであり、説明のない工程あるいは書類に記載のない作業等については十分に把握できない面もある」

他方で、企業側の食品衛生管理者ないし食品衛生責任者も食品衛生関連法規の詳細や食品衛生行政の現状、最近の安全関連情報などにそれほど精通しているわけではない。したがって食品衛生の専門家である食品衛生監視員の見解をその製造現場で聞いて、相互の意思疎通を図り、助言を得て、以後の食品衛生管理のための参考にすることには非常に意義があると思われる。

食品衛生責任者には管理運営要綱が定められており、任務の内容として、衛生教育、施設の管理、食品取り扱い設備の管理、給水及び汚物処理、食品等の取り扱い、従事者の衛生管理についての詳細な事項が示されている。また特定事項として、調理営業（飲食店営業、喫茶店営業）については別に注意事項が定められている。

雪印乳業の食中毒事件に先立って、日常的に保健所の食品衛生監視員が現場の食品衛生関連の責任者、担当者とどのように応対していたのか、どの程度、食中毒事故の防止のための具体的な取り組みをしていたのかは明らかにされていないが、乳業界に限らず今日の大規模食品産業の衛生管理については全国的に雪印事件の場合と同じことが起こる可能性があることに留意して、万全の対策が講じられねばならない。

食品事故には多分に人災的な側面がある。担当者、管理者、責任者のありようが大事故をひきおこす最大の要因になる。過去の食品被害事件のすべてについて、このことは証明されている。

図6は行政の食品衛生監視員と企業の食品衛生管理者または食品衛生責任者の任務と協力のあり方を示している。食品衛生法の改正に当たっては、雪印乳業事件の教訓に基づいて、改めて、以上のような両者の協力の有り方を可能な限り具体的に明文化するべきであろう。

4 企業と業界の自主努力が必要である

企業、業界の食品衛生の確保に関する自主努力の不足から食品被害が発生する。とくに企業、業界を取り囲む社会的、経済的環境が好ましくない要因をはらんでいる場合には特段の自己防衛的な対策を必要とする。わが国の現在の食品衛生事情には、新規な食品衛生課題が続出しているにもかかわらず、法的、行政的な対応が非常に立ち遅れているために、結果的に消費者が安全性についての不安感から脱却できない状況が見られている。たとえば日本人の食糧の約半分を占める輸入食品ひとつをあげても、検疫所での検査率が一〇％以下、高度検査が行なわれないまま、膨大な食糧、食品がもっぱら書類審査によって通関して市場に出されている。

こうした現状に即して、輸入食材を原料として使用する企業では、たとえば脱脂粉乳や豆製品の場合には、法律で義務付けされていない場合でもエンテロトキシンやアフラトキシン(注1)の検査を随時実施する必要が生じている。

企業が自主的に水準の高い食品衛生管理体制を設定し、あわせて職員の安全確保意識の向上

図6　食品衛生監視員と食品衛生管理者の任務

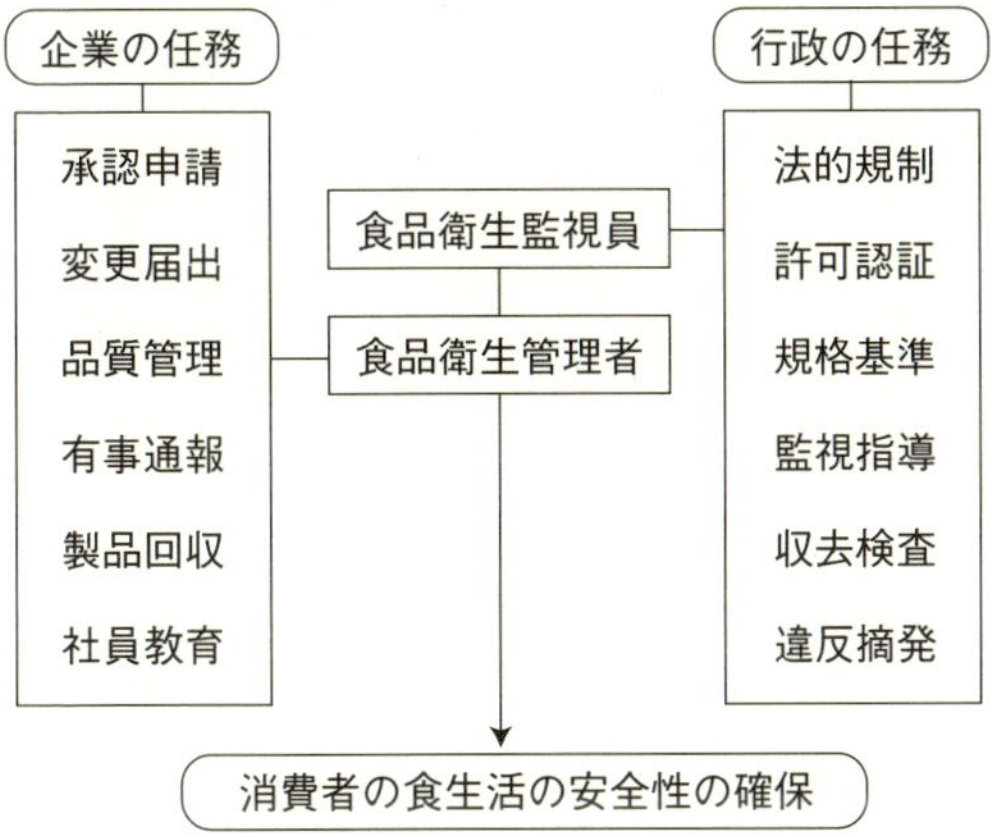

をはかる必要があることは言うまでもない。雪印乳業事件は消費者に商品を提供するすべての食品関連企業・事業体への痛切な警鐘であったといえるだろう。以下に自主的な対応を強化するために留意せねばならない事項を示すことにする。

(1)　不況下でこそ安全管理に努力せよ

未曾有の経済不況の中で、各企業は生き延びるために必死の努力を続けている。しかし商品の安全管理では、いささかでも手抜きをすることは許されない。法的、行政的な規制や規格、基準を満たすだけでなく、消費者が懸念しているような課題に対しては徹底した対策を講じていなければならない。

役職員は自社、自事業体にとって、必要とされる安全衛生対策のために、最低限度遵守しなければならない制度、方法がどのようなものであるか、現時点で実施可能な対策とはいかなるものであるかの検討を常時、誠実に行なわねばならない。その意味では役職員の意識向上のための教育、訓練や管理責任を強調したアメリカのＨＡＣＣＰのように、各工程のＣＣＰ（重点管理ポイント）の摘出や管理状況の記録方式などが、いたずらに施設を高度化したり、検査回数を増やす方法よりも、もっと有効であるといえるのかもしれない。

(2) 品質管理対象の時代的変化に適応せよ

輸入食材の多種多様化に伴って品質管理の対象は大きく変化した。細菌の種類も次第に様変わりして、最近ではウイルスの領域も問題にすることが必要になってきた。また殺菌によって菌数ゼロの状態であっても既に産生された毒素が残留していて大規模な食中毒を発生させることは、今回の雪印乳業の食中毒事件やＯ・１５７事件で立証された。しかも毒素検査は現行の検査項目にはまだ定められていないために、各乳業メーカーでは今回の事件以後、自主的に毒素検査を実施することになった。保健所や衛生研究所等でも遺伝子検査や毒素検査の技術を日常的に確保しておく必要に迫られている。

他方で消費者の農薬やＰＣＢ、ダイオキシン等の有害化学毒物の残留に対する関心も非常に強く、しばしば分析データの提示を求められたりすることがある。食材自体でも遺伝子組み換え食品のように、ＤＮＡの構造が一部組み換えられているような食品について、表示その他が要請されるようになった。さらに器具、容器、包装にいたるまで品質管理の対象は拡大し、関連企業は相当な予算を注入して、きめ細かい対応を必要とするようになっている。

以上のような時代的変化を受け入れて、適正に対応しなかった企業はいつか必ずその報いを受けねばならない。私たちはこの点で、これまで我が国の乳業界のトップメーカーであった雪印乳業でさえも非常に初歩的なミスを冒してしまったことに言い知れぬ危機感を持たされるようになっている。

(3)　国際化にも関心を持て

今日の品質管理は、もはや国内的な枠の中だけで対応しきれるものではなくなっている。国際的な食料、食品の輸出入は、ＷＴＯ協定[注2]、ＳＰＳ協定[注3]などによって厳しく拘束されている。また国内的な規制も国際的なコーデックス委員会[注4]や科学的根拠に基づいた許容量等を勧告するＪＥＣＦＡ[注5]の決定に無関心であることはできない。その意味では企業や事業体が専門家の協力を得ることによって、最新の知見や方式を導入することが求められている。

輸入食品の窓口となる全国の、約三〇カ所の検疫所での安全性の検証を厳しくすることを要請する国民世論が無視されないようにせねばならない。

輸出企業にはＨＡＣＣＰ認証が求められるようになり、品質管理方式の国際化も要請されるようになっている。輸入品の安全性だけでなく、輸出される商品や技術の安全性も問われることになる。わが国の企業が開発した技術によって製造されたトリプトファンがアメリカで多数の死者を出した事件が問題になったが、こうした事例が起こりうるような時代になっている。国際化の時代であればこそ、ひとしお企業の安全確保水準の高さが要請されているのである。

(4) 安全意識を強調せよ

自社の製品、商品についての食品衛生関連要因がどのようなものであるか、規制の対象になるもの、表示の対象になるものは何か、についての認識が問われる。さらに安全性に対する意識の水準が問題にされる。

起こるはずのない大規模食中毒を引き起こしたことによって雪印乳業は再起不能か、などといわれるようになっている。それはまさしく単純に、社長から一職員に至るまでの安全意識の低調に起因するものであった。マンネリ化した経営、経済的得失への偏向、倫理感覚の欠落が品質管理をおろそかにさせる。消費者不在の食品衛生対策が実施される。こうした場合に、もしも「予定被害者」と言う概念を認めるのであれば、「予定加害者」としての企業がすでに存在していて、次の大食中毒事件の主役を進んで買って出ようとしている、といわねばならない。消費者優先の原則を支えるものは、職員の安全確保の理念であり、意識であり、責任感である。

(5) 危機管理体制を構築しよう

前掲図5（一五六頁）は食中毒事故での情報交流のありようを示している。実際に雪印乳業食中毒事件の場合にはこの図に示された各種の経路で各機関や部署と企業、消費者の間に多様な情報が飛び交った。

自社の販売した商品に起因する、まったく予想外の状況下に、突然発生した「危機的状況」に対してどのように、どの程度、迅速、的確に対応できるのか、ということは、事故が発生する以前に、予め繰り返し検証しておかねばならない。消費者からのクレームひとつ、連絡ひとつの処理を誤っただけで発生した非常事態についての例証は既に十分にある。

とくに運営の最高責任者が危機管理体制の構築に無関心であるというようなことは企業・事業体にとってもっとも危険なことである。

危機を危機であらしめないために、協力、連携、通報を必要とする外部の機関はどこか、指導を仰ぐ専門家は誰か、内部的には、連絡をとりあう部署はどこか、決裁のスピード化、責任と権限の分担など、平素からきめ細かい危機管理の体制を構築するための努力が傾注されていなければならないだろう。

(6)　教育、訓練を重視しよう

くり返しになるが、「殺菌しても毒素は残る」という単純極まる事実が雪印乳業大樹工場の職員と管理者には理解されていなかった。同社の四五年前の北海道八雲工場での同じ菌、同じ停電事故、同じ毒素の産生による学校給食大規模食中毒事故の教訓も既に風化していた。厚生労働省の承認は得たけれども、社員にはＨＡＣＣＰの意義が徹底していなかった。単なるお墨付き同様のＨＡＣＣＰ承認やＩＳＯ取得と言う外向きの取り組みはあっても、その実効性を左右する職員の教育、学習、意識向上、士気高揚などに関する取り組みが低調であれば、その企業によって作り出される商品の信頼性が高まるはずがない。

教育、訓練事業への投資は最大のメリットを生み出す。今回の雪印乳業の食中毒事故による損失は約一〇〇〇億円にも上ると言われるが、これはたとえば約一億円の教育、訓練投資が行なわれておればあるいは回避することができたかもしれない。その意味では教育、学習体制の構築を怠った役職員、経営者の責任が最も重大であるといえよう。

外部から講師として招請する専門家への謝礼や、学習時間の捻出など相当な負担が生じるのも当然のことである。しかし学習に重点を置いて、職員の士気を高めることによって経営的にも苦境を脱した、あるいは成功した企業や先覚者たちの事例が数多くあることも忘れてはならない。

(7) 外部の行政関係者や研究者との連携ルートをつくろう

食品衛生や情報管理に関わる世界的、国内的な動向に無関心であることは危険である。たとえばＨＡＣＣＰについての国や関係業界の最近の動きが自社の経営にどの程度関連することになるのか、ということに無関心な企業が、業界や消費者から高く評価されることはない。管轄の食品衛生行政当局や保健所の食品衛生監視員との日常的な連携が適切に行なわれていて、最新の法的、行政的、学問的な食品衛生関連の情報が豊富に把握できるか、できないかは品質管理の上で、長期的には大きな影響を及ぼすことになる。また関連領域の専門家の見解が随時入手できるような状況を準備しておくことには大きな意味がある。雪印乳業では今回の事故の教訓を生かして、専門家が参加したチームを設置することになった。突発的な事態に対してはもちろんのこと、日常的に、随時、専門家の意見や研究者の助言を聞くことができるのは今日的な企業の経営にとって必須のことであるといえよう。

(8)　食品衛生に関する外部監査を実施しよう

経営に関する会計監査制度は一般に、相当程度整備されている。しかし今回の雪印乳業の巨額の損失は食品衛生に関する自他の検証と監査が不徹底であったことによって生じている。わが国のＨＡＣＣＰシステムの問題点のひとつに専門家チームの設定が有名無実の状況になっており、総合衛生管理のための客観的な監査がほとんど行なわれていない、という点が目立っている。今回の雪印乳業のＨＡＣＣＰ承認をうけていた大阪工場の実態が明らかになった時点で痛感するのは、もしも適正な外部監査を受けておれば、あれほどの杜撰な食品衛生管理が行なわれることはなかったであろうということである。このことは停電事故をおこした大樹工場の場合にもいえる。停電後の脱脂粉乳の細菌数が大幅に基準を上回ったにもかかわらず、この脱脂粉乳を再利用した、という事実があったが、これは専門家の監査では当然許されるはずがないルール違反であった。そしてこの脱脂粉乳さえ利用されていなかったなら今回の事故は単純に回避できたのである。

外部監査のない企業の食品衛生管理は客観性を欠いている。風通しの良い、内部、外部のいずれから見ても信頼できるような、すぐれた品質管理を目指すものでなければならない。

(9) 業界の動向に関心を持とう

自社の安全衛生に関する取り組みの現状が関連する同業各社と比較してどの程度の水準にあるのか、ということについての客観的な見方ができないような経営者であってはならない。HACCPにせよISOにせよ、あるいは社内基準にせよ、一定の社会的な格付けで比較された場合に見劣りがする状況があるとすれば、このことに無関心であることはできない。とくに経営者幹部には、わが国だけでなく、世界的、国際的な視野で、業界の動向に遅れない、あるいはそれを上回るような安全管理の体制を構築するための意欲が強く求められる。

今回の雪印乳業食中毒事件は乳製品業界全体に大きな教訓を残した。森永乳業は製造工程の衛生管理体制を強化するとともに、従業員の教育、訓練を強化することになった。とくに衛生管理システムへの設備投資を前倒しで実施することにした。明治乳業でも二〇〇一年に計画していた最新鋭の設備の導入を二〇〇〇年に前倒しで実施した。さらに相談窓口の担当者や電話回線を増やし、留守番電話で土日や夜間でもクレームを受け付けられるようにした、などと報じられている。

⑽　国の基準を超える社内規格、基準を設定せよ

法的に定められた規格、基準を遵守するのは当然のこととして、これよりも厳しい社内的な自主規格、基準を定めて、職員がこれを目標として取り組む仕組みが用意されていない企業や事業体であってはならない。従業員のモラルの向上や意識の高揚が大切であることは言うまでもない。行動の基準、目標が数値化されていて、これを満たしていない場合の措置が実際に明確に示されているかどうかも問われている。

国や自治体の規格、基準よりも厳しい社内基準を定めているという事実は社会的にも高く評価される。その商品を供給する消費者に対しても説得力がある。企業のＰＲ媒体への記載事項としても利用価値がある。社員の士気にも影響する。

わが国の生協の要である日生協では、一九八〇年代に、医学、薬学、農学、化学の研究者と法律関係者によって構成された諮問委員会を設置した。そして、その活動の一環として国の食品添加物の規制の基準よりもはるかに厳格な「Ｚリスト」を設定した。そして、以後、この自主的な規格、基準に従って、全国の生協の取り扱い商品の安全性を保持するために努力してきた。このことが消費者に高く評価され、安全、安心の生協としての評価を定着させることに貢

献し、ひいては組織の伸張や、事業の発展にも大きく寄与するようになった。

⑾　企業幹部の倫理観念を再点検せよ

何事であれ、倫理観念の欠落が問題にされる世相ではあるが、自社の生産、製造工程や自社製品の品質や安全性に自信がもてないような企業、事業体の幹部、役員が経営の責任者であり続けていることは許されない。場合によっては自社が社会に送り出した商品で死傷者が出るかもしれないような状況を放置しているなどということが許されていいわけがない。もちろん、万全を期したつもりでも事故はおこる。その場合に備えて危機管理体制を堅固なものとしておく、そのような、「消費者、お客様に迷惑をかけない」という単純な事実に対して忠実でないような役職員は直ちに辞任するべきである。

雪印乳業大阪工場の製品で大規模食中毒が発生し、現地、工場関係者が騒然としている中で、連絡のとりようがなくて、結局、社告実施の決定が遅延した、などといわれている当時の社長の責任が厳しく問われているのも当然のことである。

企業として、消費者に多数の犠牲者を出すような事故をおこすよりも、経済的な理由で倒産の憂き目をみるほうがまだしもである。典型的な市場経済社会であるアメリカにおいてこそ、ＰＰＰ（汚染者負担の原則）やヴァルディス原則（企業の環境保全責任の原則）が重視されていることに注目せねばならない。森永砒素ミルク事件や雪印食中毒事件を発生させた企業の責任は、その企業自身が最も重く、最も長い期間、最も厳しく受け止めねばならない。

つぎの第二部では、同じ雪印グループの雪印食品によって引き起こされた牛肉表示偽装事件を取り扱う。食中毒事件をおこした翌年の九月には、輸入牛肉を国産牛肉に偽装して、国の助成金を騙し取ろうとした、この企業の関係者の余りにも破廉恥な、荒び果てた倫理感覚に国民は怒り、そして唖然とさせられている。

【注】

1　アフラトキシン：ピーナッツなどの豆類に発生するカビによってつくられる毒素。

2　WTO協定：世界貿易機関（WTO）を設立するマラケシュ協定。四付属書と一体化された特異な構成になっている。

3　SPS協定：WTO協定の中の一七の細分化された協定の一つで、衛生植物検疫措置の適用に関する協定。

4　コーデックス委員会：国際的な食品の規格、基準を策定して、勧告を行なう国連の下部組織。

5　JECFA：食品添加物に関するFAOとWHOの合同専門家会議。

第7章　食品衛生指導、監視の役割を再点検する

雪印乳業の食中毒事件を考えるうえで、企業の責任不履行はもちろん厳しく指摘されねばならない。しかし、その一方で、今回のような大規模な消費者の被害を予防することが出来なかった国や自治体の行政的、公的な責任を無視することは許されない。

この章では、食品の安全確保、食中毒の予防等に関与する国や自治体の食品衛生行政、とくに食品営業者に対する指導と監視の実態を明らかにして、問題点を指摘するとともに、今後の対応のあり方についても検討を加えることにする。

1　食品衛生監視の役割を重視する

国が示している食品の安全確保のための機構と施策では、図7に示すように、輸入品、国産品の場合とも、行政と企業、消費者との接点に位置している検疫所、保健所と、そのなかで特別に重要な役割をはたしている食品衛生監視員の役割に注目せねばならない。

(1) 食品衛生監視員の生産、流通、消費現場での役割

食品衛生監視員（注：以後、食監と略称する）は、食の安全、衛生を確保するために、食品衛生法に基づいて行なわれる食品衛生行政を推進する上で、食品の輸入、生産と流通、販売現場での主体者である企業、営業者を指導、監視することによって、食品摂取現場での主体者である国民、消費者の衛生と安全を守る役割をはたすことになっている。

食監は主として、対外的、対内的な二つの拠点に配置されている。その一つは国民の食糧、食品の約二分の一を占める輸入食品の検疫、衛生、安全の確保にあたる検疫所であり、他のひとつは輸入食品を含む、国内に流通して消費される全ての国民の食糧、食品の衛生、安全の確保にあたる行政部局、保健所、保健センター等である。

食監は、保健所の業務の一部である食品等の安全確保のための任務を担当している。

食監は、保健所では食品衛生分野で、①食品衛生法に定められた食品衛生に関する事項と、これに関連して、②衛生上の試験、検査に関する事項、③地域保険に関する思想の普及および向上に関する事項、④地域保健に関する統計に関する事項などを担当している。

わが国の食品衛生法と食品衛生行政の体系では、特定の業種には食品衛生管理者を置き、その他の業種（飲食店営業、食肉販売業、菓子製造業）では食品衛生責任者を設置することが定められている。前掲図6はこれらの企業内の食品衛生管理者と行政側の食監の任務を示したも

のであるが、いずれにしても両者の協力によって消費者の安全が確保されることはいうまでもない。雪印乳業食中毒事件についても、この事件の発生以前の、大阪市保健所の食監と雪印乳業の食品衛生管理の責任者との連携がどのような状況にあったかが厳しく問われるところである。

(2) 食品衛生監視員の輸入検疫現場での役割

わが国の食糧の約半分は輸入に依存している。したがって輸入検疫は重要な意味を持つ。アメリカの食監に相当する職員は一〇〇〇人、動植物検疫に従事する職員は六三九〇人にのぼる。しかし、日本の検疫所の食監は約三〇〇名であり、日米の配置人員の格差が極めて大きいことがわかる（『輸入大国日本』（小倉正行著、合同出版、一九九八年刊））。日本がアメリカ並み、あるいはそれ以上の検疫、人員体制を必要とすることは、世界最大の農産物、食糧、食品輸入国という状況からみても、当然なことであり、国民の健康と日本の農業を守る上からも不可欠のことである。

現状では輸入食品の検査率は約一〇％で、あとは書類審査で認証されている。もちろんエンテロトキシンやアフラトキシン等の毒素検査が日常的に行なわれているわけではないし、ＰＣＢやダイオキシン等の微量化学物質の汚染もチェックされてはいない。今後は食品添加物、農薬等の化学物質などの高度検査の実施割合が向上するようにするなど、一九八〇年代から要請

図7　国の食品の安全確保対策の概要

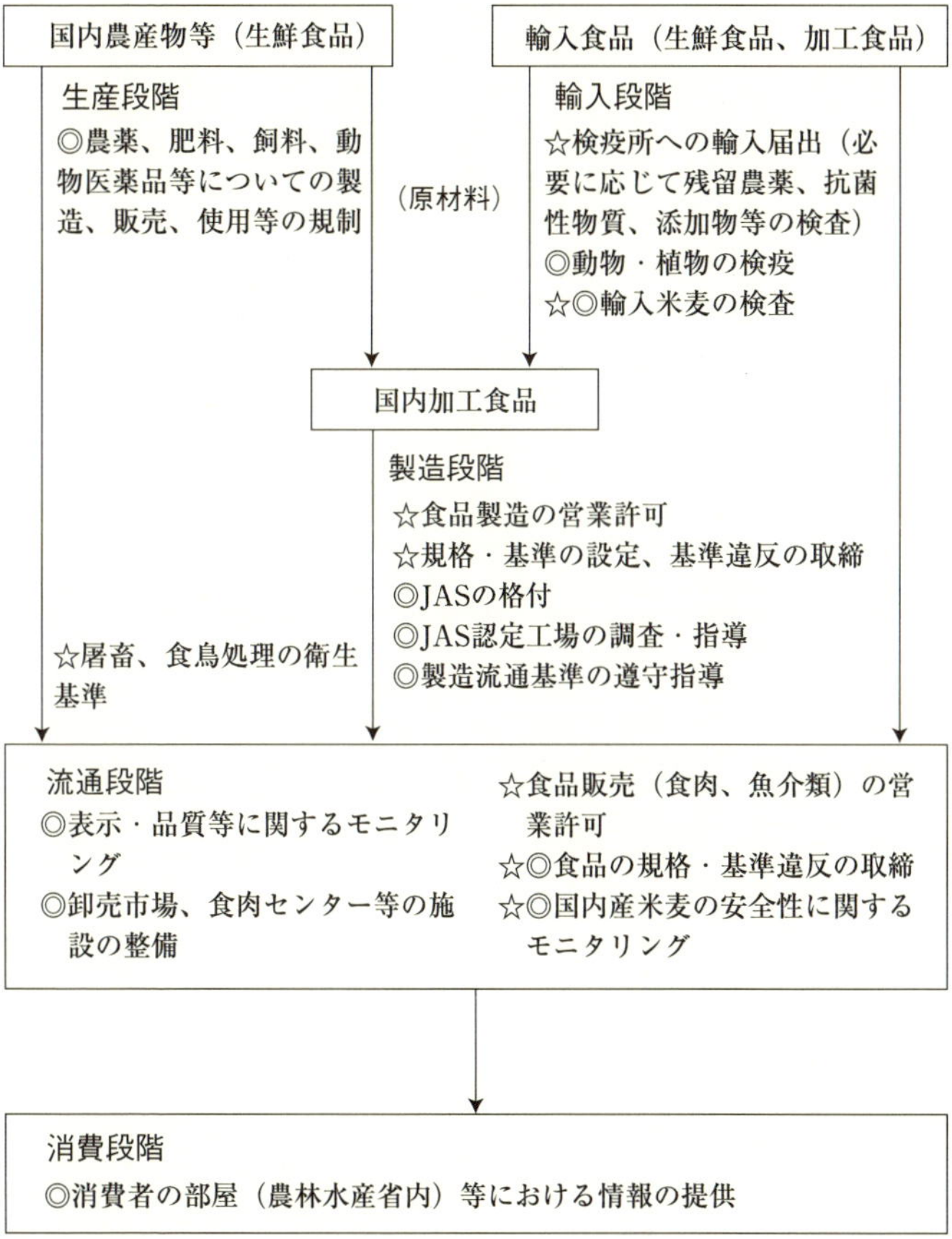

注：☆は厚生省の、◎は農林水産省の対策を示す。
出所）衆議院調査局農林水産調査室資料

され続けていながら、いまだに対応が放置されている検疫業務内容の充実、特に検疫機能の高度化、についても大いに配慮しなければならない。国民、消費者の食不安の相当部分は輸入食品問題から由来していると言っても決して過言ではない。

検疫業務をおろそかにしていると、輸入原料によって持ち込まれる細菌や毒素などによって、たとえば、O・157事件や雪印低脂肪乳事件と類似した大規模な食品被害が頻発するようになるおそれがある。あるいは動植物検疫が不完全であると、害虫や狂牛病などの侵入を容易に許すことにもなる。

2 食品衛生監視の現状には問題が多い

(1) 法規違反に対する処分、告発件数が激減している

違法行為を行なった営業施設に対する処分、告発件数の年次推移では、平成に入って件数の大幅な減少が目立っている。たとえば、昭和五二年との比較では、平成一〇年には約九分の一にまで減少している。許可の取り消し、営業の禁止、停止、改善命令、廃棄処分などでも同様の傾向が見られる。後述するような、法定監視率（法的に定められた監視回数の達成率）の低下傾向とともに、規制緩和の方針などとの関連が問題にされねばならない。処分、告発件数の減少が消費者の安全を守る上でどのような意味を持つかが仔細に検討されねばならない。

(2) 食中毒発生件数の増加傾向に注目したい

国の行政側の統計では、平成に入って食中毒の発生件数は次第に増加を示しており、平成五年に比べて平成一〇年には約五倍に増えている。もっとも平成八年以後の国の統計では各都道府県での件数算定の方式が異なって来ているので、年次的な件数の比較には無理がある、とする見解もある。したがって、ここでは食中毒発生件数の増減について評価することは差し控えるが、実際のところ厚生労働省は、食中毒の発生件数の増減をどのように見ているか、その客観的、疫学的な判断が問われる。

いずれにしても食品衛生行政対策の推進に当たって、食中毒に関わる疫学的な統計資料は重要な意味を持つのであるから、食中毒発生件数の算定の仕方が各自治体によってまちまちであるというような変則的な現状を放置していてはならない。国が公表した統計の中に、平成一〇年の発生事件数が平成五年の約五倍というような数字が注釈もなく記載されている現状には全く驚かされる。各自治体の食品衛生行政側では、

① 医師から食中毒と診断されて、保健所に通報された件数
② 医師から食中毒、あるいはその疑いありと診断されて、保健所に通報された件数
③ 医師からの通報があった場合でも、保健所でさらに独自の判断を行なって食中毒と認定した件数

④　患者が多数出ていても、食中毒を発生させた一原因施設、一原因食品による事件を一件と数えたものの集計件数

⑤　患者が直接保健所、メーカー、販売店等に自訴したものも含めて、行政側によってひろく集計され、算出された件数

以上のどの場合を事件件数として国に報告するのかを明確にしておく必要がある。家庭内食中毒といわれるものが複雑に関連してくるが、いずれにしても国としての、事件件数の算定に関する統一的な見解を早急に明らかにして、自治体現場に周知徹底させることが必要であろう。

平成六年地域保健所法が制定され、特定保健所構想が具体化して、各地では保健所の人員が整理され、食品衛生監視員の専従者数が減少するとともに、地域保健センターという食品衛生法による規制権限が相対的に弱い組織がつくられるようになった。もともと非常に低い法定監視率が一層低下する中で、さらにこの期間に、営業施設に対する戒告、処分件数も急減した。したがって、結果的に食品衛生行政側の指導、監視機能が低下して、O・157事件や雪印乳業事件のような大規模食中毒事件の続発や全国的な食中毒発生件数の増加を招いている可能性があることが懸念される。

地域社会での食品衛生監視能力の減退の最終的なつけが消費者、国民の食中毒被害件数の増加や食品衛生に対する不信感、安全性についての不安感となって現われるのは避けられないことであり、今後の経過を厳しく見守っていかねばならないだろう。

(4) 現場には問題が山積している

1　食品衛生監視員の兼務化について

食品衛生行政の最前線にあって活躍する食監の実務量が減少した場合には、その影響が消費者の食中毒等の食品被害の増加となって現われることになる。

平成一一年度衛生行政業務報告によれば、食監の総数は七七九九人であり、うち専従数は一八六三人、兼務数は五九三六人である。保健所数は五九四であり、広域監視体制のある自治体が四七、無い自治体が七三である（厚生労働省統計情報部）。

食監の実数の内訳に関しては、専任者が不在の自治体が一四もあるが、保健衛生行政分野の兼務が増えるということは、食品衛生指導、監視の実務量が減少するということを意味しており、ひいては食品営業に対する指導、監視回数の減少などの原因となることは明らかである。現在、食監の専任、兼務に関する法的、行政的な規定が全くないが、これは問題であり、今後は兼務のあり方や兼務者の実数などについて一定の基準、制約を設けるべきであろう。

食監が以上の実務を遂行するうえで、必要とされる必須実務量、あるいは基本実務量は、

①　食品衛生法で定める行政的な任務を推進するために、

②　住民のニーズをみたし、さまざまなクレームに対処するために、

必要かつ十分なものでなければならない。実際に突発的に大規模な食中毒事件に遭遇するこ

ともあるし、企業や住民の実態に即した予防衛生的な対応が必要になることもある。さらに最近では農水省などと関連して、遺伝子組み換え食品や狂牛病関連食品などの収去、検査などの衛生関連業務や表示の監視なども担当する必要が生じている。今後は例年の指導、監視回数、収去件数、業務量を減らさない、むしろ増やす方向で、各地域において特異的な基本、あるいは目標業務量を算定せねばならない。

業務量は人手、時間の関数として具体的に算出されねばならない。そして食品衛生監視員に関する任務、人員、制度の変更は基準業務量の科学的な管理のもとで行なわれねばならない。

最近、全国各地の自治体で、保健所の統廃合や事務の合理化などの取り組みが行なわれるようになっているが、たとえば人員の異動に伴う実務量の変化が科学的に正確に計測されないで、制度の変更や人事が安易に行なわれている場合がないとはいえない。たとえば保健所から地域保健センターに配属された食監が実務的に制約されていて、結果的にその自治体の食品衛生指導、監視の実務量のトータルが大きく低下しているというようなことがないかどうか、仔細に点検されねばならないだろう。

実務量の計測をおろそかにした、余りにも恣意的な人事、制度の変更が行なわれた場合には、食品衛生学的な施策の推進に支障をきたして、結果的に食品被害事件や患者の発生件数が増加してくることにもなる。

食品衛生の課題を細菌学的な食中毒分野に集約できた時代は過ぎ去って、その後、化学物質汚染に関わる安全性の確保や最近では生命工学の所産である遺伝子組み換え食品、クローンや表示問題などについても業務の対象とすることが必要になっている。本来はこれらの新規課題も食監の担当範囲にあるというべきであろうが、現実には、ほとんど手つかずの状況にある。これらの分野に関しても必要実務量の客観的な計測を正確に行なって、早急に指導、監視のために必要な人員増や再配置等の計画を立案せねばならない。

2　各自治体間の食監の配置状況には大きな格差が生じている

平成一〇年度の食品衛生監視員一人当たりの担当人口とでもいうべき数値は全国平均で一・七五万人である。この数値を標準として見ると、概して関東の茨城県、埼玉県、千葉県、東京都の首都圏ではこれを遥かに超えており、関西以西では標準に近い。しかし例外的に三重県では二・七四万人と大きい。

平成一〇年時点でのこの数値の最多の茨城県と最少の鹿児島県の格差は四・三倍に達している。

一人当たりの担当施設数とでもいうべき数値の最多も茨城県である。最少の徳島県、宮崎県との格差は三・八倍に達している。

以上に示されているような、各自治体間での企業、消費者の、食品衛生指導、監視受益率とでもいうべき数値の顕著な格差は縮小されねばならない。国が食品衛生監視員の配置についての、担当人口比率、担当施設比率についての一定の基準、制約を設けるなどの法的、行政的な対応が必要になるのではなかろうか。

3　法定監視回数が達成されていない

食品衛生法施行令三条に定められた各種営業施設についての年間の監視指導回数が実際の食品衛生行政では全く無視されてきたことは周知の事実になっている。

表15に見られるように、全国の法定監視（達成）率は年々減少を続けており、平成一〇年度では全国平均で、わずかに一四・五二％になっている。

全国平均では許可を要する施設と許可を要しない施設に対する監視率の年次推移は表16に示すとおりであり、許可を要する施設の監視率は許可を要しない施設の監視率の三分の一以下になっている。平成一〇年の前者の監視率は一一・三％にまで低下している。

平成一〇年度の業種別、法定監視回数別監視率を表17に示す。

年間一二回の法定監視回数を必要とする業種のうち、飲食店営業では監視率は最低の七・九％となっている。飲食店営業に食中毒事件発生数が最も多く、患者数が多いのにもかかわらず監視率が極めて低い点が注目される。あるいは監視が不徹底であるから事件の発生数が多く、患者数が多いのであろうか。いずれにせよ、これは営業施設数が圧倒的に多く、年間一二回もの指導監視を行なうためには食品衛生監視員の現在数では無理があることを示している。集団的食中毒事例の多い給食施設の監視率は一〇％にも満たない。これは学校給食Ｏ・１５７事件が発生しえた理由のひとつでもあるだろう。

表15　法定監視率の低下傾向

	監視率（%）			
	平成7年	平成8年	平成9年度	平成10年度
全　国	18.22	17.52	16.40	14.52
01 北海道	16.46	17.42	14.81	12.31
02 青森県	5.18	5.67	4.57	5.46
03 岩手県	12.77	11.80	16.36	16.07
04 宮城県	16.65	16.36	20.51	21.47
05 秋田県	9.48	8.83	7.33	6.67
06 山形県	12.71	11.42	12.56	12.73
07 福島県	16.78	15.37	11.83	11.57
08 茨城県	13.22	10.70	7.11	10.72
09 栃木県	21.97	17.67	19.32	6.20
10 群馬県	14.22	12.59	7.26	6.39
11 埼玉県	15.02	11.39	10.88	9.94
12 千葉県	15.76	17.28	15.73	14.97
13 東京都	26.88	26.71	24.96	17.54
14 神奈川県	19.97	19.43	20.67	19.45
15 新潟県	13.06	13.06	11.61	9.25
16 富山県	16.97	19.37	16.21	13.89
17 石川県	12.32	11.75	9.57	8.85
18 福井県	11.56	10.28	8.80	8.67
19 山梨県	12.61	14.08	15.57	14.12
20 長野県	7.50	8.73	8.51	9.86
21 岐阜県	15.57	12.20	13.16	12.41
22 静岡県	21.48	20.23	19.67	17.89
23 愛知県	24.95	24.64	25.33	21.19
24 三重県	6.35	5.79	5.00	3.94
25 滋賀県	17.53	16.30	10.39	9.23
26 京都府	19.68	19.88	21.55	21.31
27 大阪府	23.10	22.27	21.08	20.93
28 兵庫県	22.81	20.07	19.49	17.71
29 奈良県	12.11	11.00	11.38	11.85
30 和歌山県	11.90	11.11	5.95	7.77
31 鳥取県	16.65	16.30	24.28	10.87
32 島根県	8.41	9.62	8.66	5.49
33 岡山県	14.25	14.13	9.49	8.04
34 広島県	17.15	15.60	15.58	14.25
35 山口県	14.07	11.08	10.35	9.40
36 徳島県	11.40	10.53	10.07	9.98
37 香川県	16.35	14.61	13.46	12.90
38 愛媛県	11.77	11.95	11.80	10.28
39 高知県	7.80	9.72	7.69	7.73
40 福岡県	20.46	19.00	14.87	16.75
41 佐賀県	14.53	15.94	8.10	9.16
42 長崎県	13.53	19.23	16.28	13.97
43 熊本県	17.90	18.86	16.13	15.66
44 大分県	20.40	16.96	11.88	11.79
45 宮崎県	24.60	21.43	15.87	13.35
46 鹿児島県	17.62	16.31	16.57	16.52
47 沖縄県	10.67	10.78	9.82	8.13

出所）厚生省公表資料

政令規定監視回数		監視率（%）			
		平成7年	平成8年	平成9年度	平成10年度
	許可を要しない施設	47.8	47.1	42.9	35.4
12	集団給食施設［学校］	9.8	24.0	18.0	11.8
12	集団給食施設［病院・診療所］	6.1	8.2	9.0	6.7
12	集団給食施設［事業場］	8.0	9.6	9.3	7.4
12	集団給食施設［その他］	6.4	10.7	8.8	9.8
	（小計）	7.4	13.4	11.2	9.4
4	乳さく取業	2.2	2.0	2.0	1.7
2	食品製造業	52.0	47.8	42.2	38.7
2	野菜果物販売業	83.2	79.7	74.6	59.2
2	そうざい販売業	86.9	82.3	73.7	54.7
2	菓子（パンを含む）販売業	46.6	44.2	40.4	35.5
2	食品販売業（上記以外）	60.8	59.3	53.4	43.9
2	添加物製造業（法第7条第1項によらないもの）	68.5	134.0	68.3	587.9
2	氷雪採取業	656.4	1,200.0	147.6	296.9
2	添加物販売業	45.3	41.1	39.7	37.5
	（小計）	62.9	60.1	54.8	45.2
1	器具・容器包装・おもちゃの製造業又は販売業	117.5	104.6	101.4	86.7

出所）厚生省公表資料

年間四回の法定監視率が決められている乳搾取業の監視率が一・七％と極端に低いことも気にかかる。これは指導、監視が事実上行われていないと言ってもよい状態である。これでは予防衛生体制がないにひとしいといわねばならない。搾乳、集乳の課程で衛生管理に過失があれば、容易に雪印低脂肪乳事件のような食中毒事件が発生しうることに留意せねばならない。

4　自治体間の監視率の格差が増大している

表15で注目されるのは、各自治体での法定監視率の格差が非常に大きく、平成一〇年の比較では（以下同じ）最高の宮城県と最低の三重県の

表16　要許可、不要許可営業施設別の監視率の推移

政令規定監視回数		監視率（%）			
		平成7年	平成8年	平成9年度	平成10年度
	総　　　数	18.2	17.5	16.4	14.5
	許可を要する施設	13.6	12.9	12.3	11.3
12	飲食店営業	9.7	9.3	8.7	7.9
12	菓子（パンを含む）製造業	13.9	12.9	11.7	10.9
12	乳処理業	52.0	57.9	55.5	55.9
12	特別牛乳さく取処理業	146.7	98.3	22.9	52.1
12	乳製品製造業	35.1	36.6	34.3	34.0
12	集乳業	29.4	20.3	187.5	30.1
12	魚介類販売業	28.2	27.7	26.7	27.7
12	魚介類せり売営業	104.7	102.7	110.7	100.2
12	魚肉ねり製品製造業	26.3	23.0	22.8	20.3
12	食品の冷凍又は冷蔵業	16.8	15.4	14.8	14.1
12	かん詰又はびん詰食品製造業	12.6	10.8	9.8	9.1
	（小計）	12.0	11.5	10.9	10.2
6	喫茶店営業	13.0	11.1	10.8	9.1
6	あん類製造業	60.4	53.9	57.3	52.0
6	アイスクリーム類製造業	30.1	27.4	32.2	23.8
6	乳類販売業	17.2	15.7	14.7	13.9
6	食肉処理業	39.6	59.3	52.2	48.5
6	食肉販売業	27.9	26.6	24.3	23.6
6	食肉製品製造業	52.9	52.4	262.6	48.7
6	乳酸菌飲料製造業	88.5	89.1	90.1	87.3
6	食用油脂製造業	28.1	23.3	25.7	22.1
6	マーガリン又はショートニング製造業	61.4	57.9	45.2	54.2
6	みそ製造業	19.2	17.3	16.6	14.1
6	醤油製造業	25.7	22.5	20.8	18.4
6	ソース類製造業	28.7	25.7	22.1	20.6
6	酒類製造業	21.9	20.3	18.0	16.1
6	豆腐製造業	27.8	26.4	25.8	22.1
6	納豆製造業	24.3	23.7	23.1	22.1
6	めん類製造業	27.3	25.5	24.2	20.4
6	そうざい製造業	34.5	32.1	29.7	26.0
6	添加物製造業	26.8	26.4	22.9	21.8
	（小計）	20.0	18.6	18.0	15.9
4	清涼飲料水製造業	65.4	55.2	52.4	50.9
4	食品の放射線照射業	6,825.0	100.0	450.0	325.0
	（小計）	67.6	55.2	52.5	50.9
2	氷雪製造業	77.6	69.7	73.0	66.6
2	氷雪販売業	65.8	61.1	60.0	58.4
	（小計）	70.3	64.4	65.0	61.6

比率は約5倍に達している。

岩手県、宮城県では、水準は低いながらも監視率の改善傾向が認められる。しかしほとんどの自治体では漸減傾向が認められ、とくに栃木県、群馬県では顕著であり、最近の四年間に約三分の一程度にまで低下している。

各自治体での監視率の年次推移を見ると、一様に低下傾向にあることがわかる。愛知県と三重県のように近隣自治体でも格差が非常に大きい場合もある。これは各自治体の方針、政策、為政者の姿勢次第で食品衛生監視効率が非常に左右されていることを示している。

政令指定都市では最高が千葉市（三三・二一％）、仙台市（二九・九一％）、最低が神戸市（一四・五六％）、広島市（一四・三五％）である。中核市では最低が大分市（三・五〇％）、秋田市（四・一三％）である。

監視率の格差は、地域住民の食品衛生保全上の受益の程度に大きな不平等が存在するということを意味するものであり、住民、消費者が行政当局の食品衛生法、施行令の無視、軽視に起因する不利益格差を強要されているということである。各自治体に対して住民は監視格差の解消と食品衛生法施行令の遵守を要求せねばならない。

各都道府県自治体の平成七年と一〇年の監視率の値を比較すると低下した自治体が八三％もあり、平成一〇年時点で監視率が一〇％を割る自治体が四〇％にも達することが注目される。現状をこのまま放置すれば法定監視はやがて有名無実化するおそれがあるだろう。

表17　規定監視回数営業施設別の監視率（平成10年度）

政令規定監視回数	業種	営業施設総数	法定監視回数(A)	監視実施施設数(B)	監視率 B/A×100
12回	飲食店営業	1,485,701	17,828,412	1,411,047	7.9%
	菓子製造業	104,400	1,252,800	136,613	10.9%
	乳処理業	862	10,344	5,783	55.9%
	特別牛乳さく取処理業	8	96	50	52.1%
	乳製品製造業	1,548	18,576	6,321	34.0%
	集乳業	226	2,712	815	30.1%
	魚介類販売業	171,478	2,057,736	569,729	27.7%
	魚介類せり売り営業	1,485	17,820	17,857	100.2%
	魚肉ねり製品製造業	4,374	52,488	10,652	20.3%
	食品の冷凍又は冷蔵業	8,075	96,900	13,652	14.1%
	かん詰又はびん詰食品製造業	3,789	45,468	4,128	9.1%
	給食施設	85,161	1,021,932	96,561	9.4%
6回	喫茶店営業	245,868	1,475,208	134,531	9.1%
	あん類製造業	1,038	6,228	3,238	52.0%
	アイスクリーム類製造業	14,657	87,942	20,905	23.8%
	乳類販売業	314,431	1,886,586	262,151	13.9%
	食肉処理業	10,023	60,138	29,154	48.5%
	食肉販売業	171,734	1,030,404	243,068	23.6%
	食肉製品製造業	2,174	13,044	6,351	48.7%
	乳酸菌飲料製造業	440	2,640	2,306	87.3%
	食用油脂製造業	558	3,348	741	22.1%
	マーガリン又はショートニング製造業	59	354	192	54.2%
	みそ製造業	5,329	31,974	4,505	14.1%
	醬油製造業	2,372	14,232	2,623	18.4%
	ソース類製造業	1,655	9,930	2,047	20.6%
	酒類製造業	3,198	19,188	3,088	16.1%
	豆腐製造業	16,345	98,070	21,715	22.1%
	納豆製造業	715	4,290	947	22.1%
	めん類製造業	11,840	71,040	14,490	20.4%
	そうざい製造業	24,982	149,892	39,040	26.0%
	添加物製造業（法7条第1項のもの）	1,904	11,424	2,486	21.8%
4回	食品の放射線照射業	1	4	13	325.0%
	清涼飲料水製造業	3,227	12,908	6,565	50.9%
	乳さく取業	38,020	152,080	2,593	1.7%
2回	氷雪製造業	2,232	4,464	2,971	66.6%
	氷雪販売業	3,471	6,942	4,055	58.4%
	食品製造業	62,000	124,000	48,035	38.7%
	野菜果物販売業	193,205	386,410	228,684	59.2%
	そうざい販売業	204,198	408,396	223,515	54.7%
	菓子販売業	341,251	682,502	242,310	35.5%
	食品販売業（上記以外）	511,114	1,022,228	449,239	43.9%
	添加物の製造業（法7条第1項以外）	474	948	5,573	587.9%
	添加物の販売業	89,160	178,320	66,781	37.5%
	氷雪採取業	275	550	1,633	296.9%
1回	器具・容器包装又はおもちゃの製造業及び販売業	81,314	81,314	70,482	86.7%
総計		4,226,371	30,442,282	4,419,235	14.5%

出所）厚生省公表資料

食監は消費者、国民の食生活を守るために、消費者、企業と行政の接点にあって働く重要な職種である。言い換えると食品衛生監視業務に手抜きがあると間違いなく消費者、国民の食生活の衛生、安全面に影響が出ることになる。その食品衛生監視員の監視回数が法律で定められた基準の五％にも満たない自治体があり、国全体の平均回数でも一五％にも達しない、ということを、肝心の地域現場で働いている食監自身がどのように考えているのかを、あらためて問いただしたい。

3　どのように食品衛生監視能力を増強するのか

国内農産物等の一部は加工食品の原料となるが、その他は生鮮食品として消費者に供給される。輸入食品には生鮮食品、加工食品があるが、生鮮食品の一部は加工食品の原料として用いられ、結果的に消費者には輸入経路からの生鮮、加工食品も供給される。国の農水省と厚生労働省が分担する対策はそれぞれ、前掲図7の◎印、☆印で示されているが、とくに食品衛生監視能力の拡充に関連して、以下の各機関の役割と機能が特別に重視されねばならない。

(1)　厚生労働省での食品衛生担当部局の役割

食監は食品衛生行政の実務を推進するために不可欠な存在である。にもかかわらず戦後、今日まで多発している食品被害事件や食品汚染問題に対して食監は必ずしも有効、適切な機能を発揮してきたとはいえなかった。最近の雪印乳業食中毒事件のような大規模な食品事故の再発を防ぐためにも、あるいは国民、消費者の食生活に関する今日的な不安を排除するためにも、厚生労働行政では以下のような施策を早急に実施するべきである。

①　食品衛生指導、監視に関する各国の実態を調査する

世界の先進各国での食品衛生監視に関わる要員確保の実態を調査して、わが国の場合に必要とされる人口当たり、施設あたり、業種あたりの食品衛生監視員の実数と対比する。食監の業務内容についても具体的に比較、検討を行なう必要があることはいうまでもない。

②　食品衛生監視に関するわが国の現状について調査する

食品衛生監視の実効性が充足されていない部分を摘出する。食中毒事故の予防に直結する重点的な業務の実態を明らかにする。

③　法定監視回数基準を見直す

業種別の法定監視回数を現状に見合って再整理する。目標基準、訓示基準等、努力目標というような抜け穴を作らない。監視回数に関する法的な最低基準を定める。

④　機能的な監視方法について検討する

機能的、機動的な指導、監視方法を検討する。食品衛生監視チーム、機動班、パトロール監視隊などの編成等も検討する。

⑤　保健所と地域保健センターでの監視員の任務分担を明示する。
食品衛生監視の実務が混乱して実績が低下しないようにする。

⑥　食品衛生監視員の兼務についての制約を設ける
現状では兼任、専任についての規定がない。業務実態に即した規定をもうけて、食品衛生実務内容の空白、空洞化を阻止する。

⑦　現場での指導、監視手法を明示する。具体的なマニュアルを作成する。
とくに各企業の食品衛生管理者、食品衛生責任者との協力のあり方を明示する。今日的な高度な製造工程や、複雑な流通、販売形態は監視員単独で完全に把握することは困難であり、現場の責任者との連携を必要とする。協力して実効性を高めるように規定する。

⑧　教育任務を強調する
企業の自主的な食品衛生保全能力の拡充に寄与するために、とくに役職員に対する教育、訓練を行なう機能を増強する。

⑨　監査機能を充実する
各自治体に食品衛生監査委員会を設置する。学識経験者、企業、消費者団体代表者などを委員とする監査委員会が客観的な食品衛生監視実態についての監査を行なう。教育委員会、公安委員会と同様な任務と権限を与える。

⑩　検疫機能を拡充する

わが国の輸入大国としての特質にかんがみて、検疫関連の食品衛生監視機能についても再検討を加える。大幅な食監、検査員の増員をはかる。

(2) 自治体行政での保健所、保健センターと検疫所の役割

雪印事件の反省を踏まえて、各食品企業を管轄する保健所では、この際、関連して以下のような対応を行なうことが望ましい。

① 大規模食品製造、流通、販売企業の食品衛生管理状況の一斉点検を実施する。
② 重点企業には食品衛生管理に関する改善計画を提出させて評価、助言を行なう。
③ 業種別に食品衛生管理者、責任者を招集して、連絡会、講演会、研修会などを開催する。
④ 食品衛生指導、監視の計画を地域社会に公開する。ホームページ等の媒体を駆使して、行政側の取り組みの周知を図る。
⑤ 食中毒の予防、発生後の対応についての従来の法的、行政的な不備を改めるために、専門家の協力を得ながら、食品衛生部内に対策改善チームを編成する。市民、企業、消費者の意見を聞いて改善計画を立案し、公表し、実施する。地域現場から遊離しない活動を行なう。
⑥ 国と地方の食品衛生行政当局が食品被害の予防、危機管理に関して協議を行い、ＨＡＣＣＰなどの義務化などについての具体案を検討する。

⑦　消費者、市民からの通報の受理、処理方法を見直し、行政部内の連絡手段を改善し、広報、公表に関して迅速、正確な対応が行なわれるようにする。行政側として、大阪市が行なったような、食品事故に係わる「公表指針」を必ず策定する。あるいは改正、強化する。（一六〇頁）

⑧　食品衛生関連事業体の役職員の教育、学習、訓練計画等を立案し、効果的に実施する。受講を義務付ける。

⑨　企業関係者、市民、消費者の食品衛生意識を高めるために、情報媒体などを配布し、講習、講演会等を実施する。

⑩　上記の実務を推進するためにも食監や関連職員を思い切って増員する。

地域保健法によって新設された保健センターが食品衛生面でどのような役割を果たすのかが注目されている。保健所を統廃合して、保健センターを地域的に配置する事例が増えてきている中で、食品衛生関連業務が置き忘れられていくような傾向がないかどうか、注目していく必要がある。

(3)　農林水産行政現場での役割

国民、消費者に供給される食糧、食品の品質を管理する国や自治体の行政担当部局では、農薬や動物医薬品、肥料関連の安全保持に努めている。

酪農、畜産、水産分野でも最近はさまざまな安全関連課題が発生しており、製造、加工にまわされる原材料自体についての品質管理が強く要求されるようになっている。また複雑、広範な流通体系に関わる品質表示や食品衛生面での管理も問題になっている。厚生労働省が関与するのは消費者に提供される最終的な食品自体の安全性であって、農水省の生産、流通面での品質管理がその前提として適正でなければならない。その意味では、従来、生産効率の改善、品種改良等で重要な役割をはたしてきた各地の農事試験場等で、安全衛生面での研究、検査活動がいっそう重視される方針がとられることが望ましい。狂牛病事件は農水省が国民の食生活の安全性にも深く関与していることを教えてくれた。

未曾有の大規模食品被害と言われた今回の雪印乳業食中毒事件を経験しながら、国や地方自治体の行政側が何ひとつ教訓を受け取ることがなかった、何ひとつ仕組みが変わることがなかった、などと言われないように、この際食品衛生関連の行政当局が自己点検を正確に行って、類似の事件の再発を予防するために努力することが望まれる。

4　新らしい課題への対応が求められている

食品衛生法が制定されたのは昭和二二年一二月二四日であった。以後半世紀の歳月が経過する中で国民の食生活を巡る状況は大きく変化した。今日では食品衛生に関する分野でも、対応を迫られている新規な課題が以下の通り、数多く登場するようになっている。

①　国際化時代への移行、グローバリズムの進行
②　WTO・SPS条約による拘束
③　コーデックス規格、基準などへの整合化
④　HACCPなどの新しい食品衛生管理方式の採用
⑤　大規模食品被害、食品汚染などを予防する体制の構築
⑥　健康食品や機能性食品、照射食品、遺伝子組み換え食品などの新規食材への対応
⑦　輸入食糧、食品の激増に対応する検疫機能の活性化
⑧　多様な輸入食品に含まれる有害化学物質の検疫
⑨　対応しきれなくなっている天然添加物の安全性の点検
⑩　世界的に通用するものに変更することが必要になっている食品添加物の定義の再検討
⑪　新規な細菌、ウイルス、異常プリオンなどの出現、耐性菌の蔓延
⑫　信頼が揺らいでいる食品衛生監視業務の再点検
⑬　再検討を必要とする食品衛生調査会の役割
⑭　農水省、環境庁、厚生労働省と部分的に縦割りに実施されていて統一性、一貫性がない農薬汚染対策

⑮　環境ホルモンなどの環境化学物質による広範な食品汚染問題
⑯　有機食品、アレルギー食品、遺伝子組み換え食品等での新しい表示の必要性
⑰　食品衛生法規と消費者保護基本法、ＰＬ法等などとの整合化

5　国際的な潮流に乗り遅れないために

前項で示したような新らしい課題は、最近、食品分野でも顕著に認められるようになった国際的な潮流、すなわち、Globalization, Industrialization, Commersialization（国際化、工業化、商業化）などによってわが国にもたらされたものであると考えられる。

このような潮流に対する社会的な調整機構を整備して、あるいは対応機能を活性化して、生産者や消費者から生じた新規で膨大なニーズに即応する必要が生じているにもかかわらず、国が法的、行政的な体制整備を怠っている場合には、さまざまな重大な支障が現われることになる。複雑、多様化した食品衛生課題に対処する食品衛生監視、指導の現場でも、たとえば前述したような法定の指導、監視回数の達成率をかえって低下させたり、規制の緩和によって、指導、処分件数を大幅に低下させたりするような現状の下では、たとえば食中毒事件の件数が増大し、食品被害の規模が拡大し、あるいは食品の表示や安全性に対する不信感や不安感が高まり、ひいては国の食品衛生行政に対する不信感が定着するようになってくる。

世界的な情勢を見ても、最近はアメリカ、EUなどで"From Farm to Table"(「農場から食卓まで」)の旗幟のもとで、食品の安全性を統一的に保全しようとする機運が高まっている。従来の農政と食品衛生行政の縦割り的な区分での食品の安全性の確保が困難になったことが世界的に認められるようになっている。

とくにEUでは、二〇〇二年を期して、ヨーロッパ食品庁を発足させようとしていることが、ヨーロッパ共同体委員会が二〇〇一年一月一二日に発表した「食品の安全性に関する白書」の冒頭には、「この独立した食品庁の設置には、「農場から食卓まで」の食品製品のすべての側面をカバーする法律全体を改善し、そして統一させるという広範囲のその他の措置を付随させねばならない。」と書かれている。

EUでは近年、食品の安全性をめぐってさまざまな体験をしてきた。アメリカとの成長ホルモンをめぐる根深い対立があり、ダイオキシンによる環境、食品の汚染というような廃棄物処理にかかわる新しい問題を経験し、さらに環境ホルモンというまったく新しい安全性課題をつきつけられ、さらに遺伝子組み換え食品という、やはりアメリカ発の問題事態との対処に苦慮しなければならなかった。とくに、この一〇年間は狂牛病、新型クロイツフェルト・ヤコブ病というイギリス起源の難問に苦しみ抜くことになった。そして、こうした多難な食品の安全性をめぐる新たな情勢に対応するためには、従来の「危険性が明らかにされていない限りは認証する」という原則を放棄して、「安全性が確認されていない限りは認証しない」とする、いわゆる「予防原則」を採用することが必要であるとの結論に到達したのであった。

この白書には、新発足するヨーロッパ食品庁では、次のような任務を担うことが明記されている。

①　リスクアセスメント（注1）
②　リスクマネージメント（注2）
③　リスクモニタリング
④　リスクコミュニケーション

ヨーロッパには、〝ゆりかごから墓場まで〟という福祉政策の考えかたが古くから根強く存在しているが、以上のような新しい食品庁の創設は、とりわけ、近年の狂牛病事件の深刻な体験の中で、〝農場から食卓まで〟の食品の安全性を一貫して保全する法律と、食品衛生行政の確立が必要であるという認識に基くものであると思われる。

ＥＵが最近の国際的な潮流の中で、機敏に対応しようとしているのと比べて、わが国では、前項に示したような課題が山積しているにもかかわらず、そして最近の食中毒事件や狂牛病事件の体験が極めて深刻であるにもかかわらず、しかも結果的に生産者や消費者の食品の安全性に対する危惧や行政に対する不信感が極点に達しようとしているにもかかわらず、国の側には、食品衛生法の改正や食品衛生行政の変革などの公的対応を急ぐような姿勢が一向に認められない。これは極めて遺憾なことである。

食品衛生法の抜本的な改正や食品行政の根源的な変革については、つぎの拙著を参照されたい。

『食品衛生法』(合同出版、一九九六年八月刊)、『食品被害を防ぐ事典』(農文協、二〇〇一年一二月刊)

【注】

1 リスクアセスメント:危険性を事前に評価すること。

2 リスクマネージメント:危険性を管理すること。

第２部

雪印食品牛肉表示偽装事件を総括する

第1章　事件の経過

二〇〇〇年六月に、雪印乳業低脂肪乳食中毒事件が発生したあと、翌〇一年の九月にはわが国で第一号の狂牛病の牛が発見されて、畜産農家や牛肉関連業界が深刻な打撃を蒙るようになった。一〇月一八日以降は、全頭検査が実施されて、牛肉の安全性が確保された、とする政府の懸命のＰＲにもかかわらず、酪農、畜産品の消費は冷え込んだままであり、関連業界は一様に苦闘していた。そして、そのさなかの、翌〇二年の一月には雪印乳業の子会社である雪印食品の牛肉原産地表示偽装事件が発覚した。雪印ブランドの度重なる不祥事に、消費者や生産農家は一様に怒りの声をあげるようになった。

事態が明るみに出てから、まだ一月しかたっていないというのに、二月二二日には、すでに雪印食品は完全に行きづまって、再建不能となり、四月末をめどに解散することがきまった。

ここでは現時点までの、マスメディアその他の情報を集約して、この事件の事実関係を時系列的に示す。いうまでもなく、行政側の調査や警察の捜査などによって、今後さらに、詳細な事実が判明してくるであろう。

〈二〇〇一年〉

11月上旬

▽雪印食品本社に匿名の情報が届いた。担当部長が関西ミートセンター長に問いただしたが、否定したので、それ以上の調査はしなかった（現時点ではこれは誤りであって、担当部長が偽装の事実を黙認していたことを供述した、といわれている）。

〈二〇〇二年〉

1月22日

▽雪印食品による、輸入牛肉の国産牛肉偽装事件が発覚した。内部告発によるものか、外部からの密告によるものか、行政が、会社が、あるいはマスコミが最初に情報をキャッチしたのか、その発覚の詳細はまだ正確には明らかになっていない。

1月23日

▽午前、雪印食品の吉田升三社長が記者会見。「昨年九月から一〇月に入庫した一三・八トンの輸入オーストラリア産牛肉六六三箱を国産牛肉の六二二箱に詰め替えた。九月二五日に計二〇箱、一〇月一〇日に六〇二箱入庫したとの通知書を作成した」ことを認めて脇坂俊郎副社長ら幹部四人とともに謝罪した。

「狂牛病事件で牛肉の在庫が増え（二〇から三〇％）、職員が不安から独断で不正を行なった」

と語った。

▽国内の業者が牛肉を加工したように示す北陸雪印ハム（石川県小松市）や近畿地方の食肉加工会社のシールが貼られていた。

解体した状態の枝肉を一箱一五キロ前後の部分肉に切り分けた日付が、前者では二〇〇一年九月五日、後者では二〇〇一年九月一九日とシールに記載されていた。

註記1：

政府の牛肉在庫緊急保管対策事業の概要と雪印食品の不正行為の事実関係

① 二〇〇一年一〇月一七日以前に解体された牛について、

② 解体した日時で買上げ対策日を特定する。

③ シールをそのための重要な資料とする。

④ 業者は日本ハム・ソーセージ工業協同組合や全農など六業界団体に買上げを申請する。

⑤ 業界団体は申請内容をチェックした上で買い取る。

⑥ 買い取り代金は農畜産業振興財団を通して国から業界団体に支払われる。

雪印食品はこの制度を悪用して、当時、在庫を抱えていた輸入牛肉を国産牛肉と偽り、買い取り代金を詐取したものである。

狂牛病対策での業界団体の買上げ価格は最高で一キロあたり一五五四円で、関西ミートセンターの牛肉も一一一四円で買い上げられていた。ちなみに、オーストラリアを含むオセアニア産牛肉の卸売り価格は昨年一〇月の実績で、冷凍もので一キロ当たり三八二～四八五円、冷蔵もので三八三円～八七五円であった。雪印食品は輸入牛肉を国産と偽装して申請し、買上げ代金との差額を騙し取ったということになる。

▽雪印食品（二部上場）の株価は七円安の八五円に、親会社の雪印乳業（一部上場）の株価は三七円安の一八七円と急落した。これは東証一部での当日最大の下げ幅となった。

註記2：

雪印食品の概要

一九五〇年に雪印乳業から分離して設立された。資本金二一億七二〇〇万円、株式の六五％を雪印乳業が保有している。おもな事業は、食肉製品、農畜産水産物、冷凍食品の加工製造と販売、輸入食品の製造、販売等が主要な事業である。二〇〇〇年度の売上げは約九〇〇億円で肉加工品、食肉の売上げが八六％をしめている。

全国に四カ所のミートセンター（札幌市東区の北海道、岩手県花巻市の東北、兵庫県伊丹市の関西、埼玉県春日部市の関東）と、四カ所のハム・ソーセージ工場（北海道早来町の北海道、埼玉県春日部市の関東、兵庫県宝塚市の宝塚、岩手県花巻市の東北雪印食品）がある。

註記3：

北陸雪印ハムの概要

雪印食品が九〇％の株式を保有する牛、豚肉の解体処理を行なう会社である。

▽農水省が事実関係の調査に乗り出す方針を発表した。

▽日本ハム・ソーセージ工業協同組合は買い上げた牛肉を雪印食品にかえし、代金の返還を求めると発表した。

▽兵庫県警が詐欺容疑で捜査に乗り出す方針を発表した。

▽全国の畜産農家、消費者の怒りが沸騰した。雪印食品や雪印乳業などに抗議の電話が殺到した。

1月24日

▽使用された加工用のシールは関西ミートセンターの依頼で、北陸雪印ハムが偽造していたことが判明した。当初、羽広隆夫北陸雪印ハム社長は偽造を否定していた。

▽岡山市と市教委は管轄の一六〇校の学校と幼稚園の給食で雪印製品を当分の間、使用しない、と発表した。島根県でも同様の措置を取ると発表した。

▽全国各地のスーパー、デパート、生協などで雪印製品の撤去が始まった。コープしがなどでは、雪印乳業を含むすべての雪印製品の取扱いを中止すると発表した。

▽午前五時に徳島市の中央公園に捨て牛が発見された。胴体に「雪印またか」、「農水省の責任」という落書きがあった。

▽関西ミートセンター長が再三、西宮冷蔵側に口止めを要請していたことが判明した。「発覚してもたいした問題にはならない」とのべたという。

▽衆議院予算委員会で農水大臣が「告発も検討」と発言した。「今回問題となった一三・八トンをはじめ、雪印食品からの牛肉の全量二八〇トンを引き取らせ、同社の負担で処分させる」とのべた。

▽兵庫県警は詐欺容疑に加え、補助金適正化法違反容疑でも捜査することになった。

▽東京都中央区、大田区の保健所が雪印食品本社などの立ち入り調査に入った。食品衛生法の表示違反容疑による。

▽雪印食品本社は昨年一一月に社内調査を行なった際、不正を発見できなかったが、「調査が不十分だったことを反省する。部外の調査もあわせて行なうべきであった」と述べた。

▽雪印食品の社内調査委員会が発足した。取締役、社長ら一三名と弁護士、公認会計士の計一五名で構成。委員長は加毛修弁護士。

▽雪印食品への消費者からの苦情や抗議の電話が殺到し、普段の五〇倍にも達した。

1月25日

▽農水省は「再発防止策が徹底されるまで牛肉と牛肉加工品の製造、販売を自粛する」よう、

雪印食品を指導した。これは法的な根拠も前例もない措置であった。厚生労働省関連の食品衛生法の表示義務違反の場合には、営業停止の規定がある。同時に社長に「監督責任者を含む責任者の厳正な処分」を行なうように指導した。吉田社長は「事実解明後に、引責辞任」の意向を示した。

▽雪印食品本社が牛肉と牛肉製品の製造、販売を自粛すると発表した。

▽関西ミートセンターからの指示を受けた西宮冷蔵の社員が偽装工作の概要を記録したメモの存在が明らかになった。このメモは二〇〇一年一〇月二九日のセンター長と冷蔵社員の打ち合わせの際に作られた。牛肉はオーストラリア産、レンジャーズバレーであった。

1月26日

▽関西ミートセンターが申請した一三・八トンのうち一・四トンは実際には牛肉が存在しない水増し請求であったことが問題化した。

▽雪印食品は二三〇品目の製造、販売を停止した。これは全一一〇〇品目の約二〇%にあたる。業績低下は避けられない。

▽農水省は一〇月一七日以前の国産牛肉を市場から隔離、保管している全国二五九カ所の全倉庫から抽出調査を行なう方針を決めた。全量は一万二〇〇〇トンで、これまで三九カ所の倉庫での約六〇〇〇トンを抽出調査した。

1月27日

▽二〇〇一年一一月六日に関西ミートセンターでは申請不足分一・四トンの存在に気づき、西宮冷蔵に対し、一・四トン分の在庫証明書の偽造を指示して作成させた、一一月一四日には関西ミートセンターでは預けていたオーストラリア産牛肉一・四トンを国産箱に詰め替えて買い取り対象にしたことが判明した。

1月28日

▽兵庫県警は雪印食品の本社が関与していると見て、農水省近畿農政局の告発を受け次第、近く本社などを捜索し、幹部職員の聴取に踏み切ることに決めた。

▽北陸雪印ハムの社長が、偽造に関与した食肉部長が兵庫県警から事情聴取を受けたことを明らかにした。

▽関西ミートセンターが昨年国産牛肉箱に詰め替えた直後に、冷蔵保存していた肉を冷凍保存に切り替えるように、西宮冷蔵に指示していたことがわかった。長期保存されていた牛肉であったように偽装した疑いが生じてきた。

▽社民党の土井たか子委員長ら同党調査団が西宮冷蔵と関西ミートセンターを視察した。「農水省の責任を徹底追及する」と語った。

1月29日

▽一・四トンの水増し申請分には、すでに社名が変更されていた実在しない食肉加工会社発行のラベルが使用されていた。一〇年以上前から偽装が頻繁に行なわれていた疑いが生じてきた。一・四トン分のラベルはミートセンターが台紙自体を偽造していた疑いがあることが分かった。センターの組織的、計画的な偽装工作の疑いがある。

▽兵庫県が関西ミートセンターに対し、食品衛生法に基づく立ち入り調査を行なった。賞味期限などを記した牛肉ラベルを張り替えた疑いによる。

▽関西ミートセンターだけでなく本社と関東ミートセンターも輸入牛肉の国産牛肉への偽装を行なっていたことが判明した。本社のミート営業調達部営業グループでは二〇〇一年一一月一日に、輸入牛肉一二・六トンを東京から北海道に運び、一一月二日から三日かけて、一〇キロ大にぶつ切りして東京から持参した国産牛ラベル「牛正肉」を添付した。

関東ミートセンターでは、一一月一、二日に輸入牛肉三・五トンを埼玉県春日部市の倉庫から、千葉県内の取引業者の倉庫に運び、四日までにカットして箱詰めして同県内の食肉製造会社の国産牛ラベルを貼り付けた。

本社と関東、関西ミートセンターの偽装総量は約三〇トンに達することになる。雪印食品は三三四二万円を受け取った。

雪印食品が日本ハム・ソーセージ工業協同組合と買い取り契約を結んだのは一一月六日であった。すべての偽装工作は一一月五日に完了していた。買い取り金額の申請には本来は役員の決済が必要であったが、これを行なわず、営業調達担当部長が行ない、契約後に役員会に報告していた。
▽関西ミートセンターでは輸入豚肉ロースを国産豚肉ロースとして販売していた疑いが生じた。
▽東京都は雪印食品本社と大田区の倉庫に立ち入り調査を行なった。食品衛生法違反（表示違反）の容疑で告発の方針である。同様に埼玉県でも立ち入り調査を行なった。
▽吉田升三社長が辞任して、岩瀬弘士郎氏が新社長になった。六人の取締役も六月までに退任する。
▽雪印食品は食肉事業から撤退し、関西ミートセンターなど全国四拠点を閉鎖すると発表した。

1月30日

▽警視庁、兵庫県警、埼玉県警が合同捜査本部を設置して、詐欺罪容疑などでの立件を目指すことになった。

1月31日

▽経団連の今井敬会長は雪印食品の牛肉偽装事件について「世の中を欺いて、税金を騙し取ろうという姿勢はもはや企業とも経済人ともいえない」「解散して出直す気持ちでないと体質は直らない」と痛烈に批判した。
▽雪印食品は本社デリカハム・ミート事業本部、関西ミートセンター、関東ミートセンターの幹部四人の降格人事を発表した。

註記4・・

関西ミートセンター長の自供

この時点で概略次のような事実が明らかになった。

①　二〇〇一年一〇月二六日か二七日にセンター内で開いたミート営業課会議の席上で実行を指示した。

②　二九日に西宮冷蔵に輸入肉の在庫量などを問い合わせた。

③　翌日にかけて、北陸雪印ハムなどに加工日を記したシールの偽造を依頼した。

④　西宮冷蔵の社長水谷洋一氏に「輸入牛肉を和牛用の箱に詰め替えたい、社員だけで作業するのでよろしく」と依頼した。

⑤　三一日の朝、雪印食品の社員八人が部外者立ち入り禁止の中で、西宮冷蔵の倉庫で朝から夕方まで作業した。

⑥　輸入牛肉を国産牛肉として箱に詰め替えた後、ラベルを貼った。加工日を九月一九日（近畿の加工会社）、九月五日（北陸雪印ハム）とした。

2月1日

▽雪印乳業本社にも影響が及び、売上げの低下、株価の不振などで再建計画の練り直しを迫ら

れる状況になってきた。

▽合同操作本部が全国三〇カ所の一斉捜索方針をきめる。

▽農水省が関西ミートセンター長を兵庫県警に告発した。

▽農水省の調査で、雪印食品の関西ミートセンターでは、少なくとも約二年前から恒常的、組織的に、国産牛肉の産地を偽って出荷、販売していたことがわかった。この偽装がJAS法の原産地表示義務違反にあたるとして同社に改善することを指示するとともに、他の部署でも同様の行為がなかったかを確認するため、本社等全国四カ所で立ち入り検査を行なうことになった。

同センターでは約二年前から、月に一～三回国産牛の産地を偽って出荷していたが、狂牛病の発生以後には、月五～一〇回、北海道産などの牛を熊本，奈良県産とする偽装工作を行なって出荷した。また外国産の豚肉を国産と偽ったり、乳牛を和牛（肉牛）と偽る等の行為をしていたことが確認された。

▽農水省がJAS法に基づいて、雪印食品本社と北海道、東北、関東ミートセンターの全国四カ所でいっせいに立ち入り検査を始めた。一月三一日までに関西ミートセンターを検査してJAS法の原産地表示義務違反を確認した。

▽関東ミートセンター、本社ミート営業調達部の場合には、関西ミートセンターが部分肉のまま箱を移し変えたのと違って、輸入したままの状態ではカッターあとの形状から輸入牛肉と

わかる恐れがあるので、担当者らが三日間かけて細かくカットし、一〇キロのケースに収めるという、手の込んだ偽装工作を行なったことが判明した。

▽富山県の学校給食会では、県下の公立小中学校で全雪印製品の給食を中止した。低脂肪乳食中毒事件や今回の不祥事についての社会的責任を問うため、という。

2月2日

▽合同捜査本部では雪印食品に対する強制捜査を行なった。

雪印食品の三部署で偽装された牛肉量は約三〇トン、工業協同組合が支払った金額は約二一〇〇万円、しかし合同捜査本部では本社幹部等が共謀して、会社ぐるみで偽装工作をした疑いが強い、と見て偽装牛肉が混入した雪印食品の買上げを申請した牛肉の全量約二八〇トンに対して、工業協同組合が支払った約一億九六〇〇万円全額を捜査容疑の被害額とした。

本社、関西、関東ミートセンター、本社前部長宅など十数カ所の捜索が行なわれた。伝票等の五六〇〇点を押収した。全国では捜索は三十数カ所に上るために、三日以後も捜索が続けられる。

▽雪印食品の不祥事以後、その影響が雪印乳業にも波及して、雪印ブランド商品の売れ行きが低下し、牛乳事業の分離を含む大幅な事業の縮小が必要になった。牛乳の売上げは事件前の五〇%、とくに関西は四〇%程度に落ち込んだ。

2月3日

▽兵庫県警などの合同捜査本部では本社ミート営業調達部の畠山茂・前部長が菅原哲明・前関西ミートセンター長の偽装を黙認していたとの見方を強めて、共謀にあたるとしている。「偽装を事前に知っていたはず」と供述している同社社員もあって、二人の間に、偽装について事前の了解があった可能性もあると見ている。

▽雪印食品のハム・ソーセージ工場の操業率が五割を切って、パート従業員が自宅待機に追い込まれていることが明らかになった。

▽合同捜査本部の調べで、関東ミートセンターでは偽装輸入牛肉の加工日を取引先の牛肉加工会社に、「八月六日に加工したことにしてくれ」と指示した。加工会社はこれに応じて、ケースに張る加工日を「01・8・6」と表記、偽装していたことがわかった。

▽関東ミートセンター長が部内で偽装工作を発案した際に、三人の課長のうち一人が反対したという。後日の報道では、他の一人も態度を保留したが、センター長は偽装工作を強行したという。

2月4日

▽農水省が牛肉買上げ事業に際して、買上げを担当する業界六団体に対し、検査の方法や基準も示さずに、買上げ牛肉の検査と結果の報告を一週間以内に行なうように求めていたことがわかった。実情を無視した一方的な指示であり、これでは偽装工作などの不正事実の発見は困難であったと思われる。

▽合同捜査本部の調べで、ミート営業調達部の畠山前部長は三カ所のミートセンター等の偽装工作を知りながら黙認していたことが明らかになった。「申請後に知ったが、そのまま黙認していた」と供述した。当時、申請を受けた業界団体は代金の一部一億八六〇〇〇万円を支払った。

▽農水省は牛肉在庫緊急保管対策事業で、国が買い上げた牛肉の再点検を、全品調査から「抽出調査」に切り替えて実施すると発表した。全国二五八カ所に保管されている牛肉の在庫が大量であるために約四万四〇〇〇箱だけを抽出して検査するという。

▽合同捜査本部では北海道内の関係先や東北統括支店など数箇所の捜索を始めた。

▽合同捜査本部に対して、前関西ミートセンター長が昨年一〇月に本社からあった牛肉買上げ制度についての連絡を「偽装してから申請しろ、という意味に受け止めた」と供述していることがわかった。

▽雪印食品では、パート職員、嘱託、約一〇〇〇人に対して、三月一〇日付けで解雇を通告していたことがわかった。

▽雪印食品が熊本産と偽装した輸入牛肉三・四トンは沖縄県内のスーパーに出荷していたことがわかった。一年にわたって、月一～二回、一回あたり約四〇〇キロだったと社員が語った。

▽関西経済連合会の秋山喜久会長は会見で今回の雪印食品の不正事件に対し、「言語道断だ」と厳しく批判した。

▽合同捜査本部は入荷伝票や保管牛肉などを差し押さえた。

2月5日

▽雪印乳業の西紘平社長が再建策を発表した。経営権の譲渡、再編、分社化などを検討する。牛乳事業は農協などとの共同経営も考慮する。雪印食品の存廃は同社の再建策を見てから検討する（本文を参照）。

▽雪印食品の株価が三〇円の最安値まで暴落した。雪印乳業の株価も上場以来の最安値で一時一〇〇円を割りこんだ。

▽雪印乳業の西社長が辞任問題について、「クループ再建が私の責任。その辺が見えてきた段階で責任のあり方を考えていくつもりだ。」と語った。

▽「雪印食品の自社調査で、「まだ五割の方が雪印ブランドから離れない」という結果が出た。牛乳には雪印の名を残したい」と西社長が語った。

▽雪印乳業製品の売上げがスーパーなどで二、三割減、雪印食品の製品は姿を消した、と報じられる。

▽雪印食品一般労組は、雪印食品に対して、パート職員ら一〇〇〇人の解雇を撤回するように申し入れた。一部の役職員が起こした事件なのに、何の罪もないパート職員などが最初に解雇通告されるのは許せない、との趣旨。

▽アメリカの格付け会社、ムーディーズ・インベスターズ・サービスは総発行額六〇〇億円に

上る雪印乳業の長期債（国内分は三〇〇億円）の格付けを二段階引き下げて、投資不適格とされる「B2」にした、と発表した。

2月6日

▽合同捜査本部では雪印食品が業界団体に買い上げさせた牛肉約二八〇トンすべてを押収した。社内調査では偽装した牛肉は約三〇トンとされていた。これ以外にも偽装牛肉がある可能性も考えられるので、専門家に押収した牛肉の鑑定を依頼する方針をきめた。

▽JA熊本が雪印食品に、北海道産の牛肉に熊本産の表示を付けた件で抗議を行なった。消費者に産地表示への不信感を与えたとし、同社が事実と責任を明らかにするよう要求した。

▽合同捜査本部では、従業員個人だけでなく法人も処罰できる（両罰規定のある）食品衛生法（表示基準）違反でも捜索する方針を固めた。

▽合同捜査本部が五日までに押収した資料は約一万二五〇〇点にのぼる。

▽農水省と北海道農政局などの立ち入り調査では、北海道ミートセンターでは偽装行為がなかったことが判明した。

▽自民党農林部会で、雪印乳業が外資の傘下に入ることは望ましくない、との意見が噴出し、再建のために農業団体が努力すべきだとの意見集約を見た。

▽雪印乳業が再建策の中で、「外資系企業の資本参加も検討」としたことについて、農水省が「外資系資本の導入は困る」と伝えていたことがわかった。須加田菊仁生産局長によると、雪

印側は「外資とは提携しない方向で努力する」との意向を示したという。
▽北海道産の牛肉を熊本産と偽装して売りつけられた沖縄のスーパーが詐欺容疑で雪印食品を告発した。

2月7日

▽雪印食品では役員、管理職の給与を二〇～五〇％削減する、一般社員でも削減を検討中であることがわかった。
▽伊藤忠が雪印乳業の支援を協議中であると表明した。伊藤忠は自社を中心に複数企業の出資を模索する交渉を始めると見られている。

2月8日

▽関東ミートセンターが輸入豚肉を国産と表示して販売していたことが農水省の立ち入り調査で判明した。三～四年前から。そのほか青森県産の豚肉を神奈川県産と表示、茨城、群馬県産を青森産と表示していた。センター長が黙認していたこともわかった。
▽農水省はJAS法による食品表示制度の見直しのために「食品表示制度対策本部」を設置した。雪印乳業の経営再建問題では「乳業問題対策本部」を、また輸入農畜産物の増加を踏まえて「動植物検疫・輸入食品安全性対策本部」を設置した。八日午後、三対策本部の合同会議が開催された。
▽全国農業協同組合中央会（全中）では、雪印乳業の経営再建問題で「可能な限りの対策を講

じる」との談話を発表した。酪農家の生産基盤を維持するため、農協グループによる支援の意向を示した。今後は全農や全酪農（全国酪農業協同組合連合会）と雪印乳業の主要取引金融機関である農林中金が中心になって具体策を協議する。全農や全酪連系の生産設備や共同乳業が再編の軸となる。

▽ネスレが伊藤忠商事と雪印乳業の再建支援のために、協議を始めた。

2月13日

▽佐賀県は県下の三日月町のショッピングシティー協同組合の精肉部門が二〇〇〇年一〇月頃から翌年一月にかけて、外国産と国産の混合牛肉を「国産牛」と表示して販売し、狂牛病が見つかってからは同じ肉を「外国産」と表示して販売していたことを公表した。

2月14日

▽農水省が買い上げた牛肉の表示を確認する検査を国際基準のもっとも厳しい抽出数で行なう方針をきめた。従来は国際的な検査基準の六分の一の抽出数での検査を行なうことになっていた。

2月15日

▽高松市の食肉加工販売会社「カワイ」と愛媛の生協「アイコープ」が協同出資する食肉加工工場で、外国産牛肉を国産牛肉詰め合わせ商品に使用していたことが判明した。

▽食品表示の信頼性が揺らぐようになったために、農水省は表示制度の見直しを進めているが、

二〇〇二年度から、一般の消費者で構成する「食品表示ウオッチャー制度」の創設や食品表示の立ち入り検査員を倍増して三〇〇〇人とし、検査の機動性を高めることをきめた。さらに、一五日から、全国六五カ所で「表示110番」スタートさせることになった。

▽大阪府は大阪、堺、東大阪の三市と共同で、府内の全スーパーや食肉加工業者等に対し、牛肉のラベル表示に不正がないかどうかの立ち入り検査を始めることになった。

▽兵庫県と神戸、姫路、尼崎、西宮市は県内の約二七〇〇の食肉加工業者を対象に牛肉のラベル表示に不正がないかを調べるための立ち入り調査を開始した。

2月21日

▽高松市の業者が輸入牛肉を讃岐牛などと偽装していた問題で、被害にあった三越デパートは総額一億円以上と見られる商品購入者への返金分等の支払いを求める損害賠償請求訴訟をおこす方針をきめた。

▽兵庫県は県がきめる食肉の衛生管理基準をクリヤーした業者に県独自の認定書を交付する方針を固めた。自治体版のＨＡＣＣＰであるといわれている。二〇〇二年度は牛、鶏、豚肉で始めるが、〇三年度には水産加工食品、〇四年度に給食、弁当に広げる予定である。

▽農水省の表示改正に関わった元課長が毎日新聞の取材に対して、「表示は安全、衛生とは別」とする見解を述べた（著者註：食中毒事件などでの、TRACEABLITY の重要性について、全く理解していない。本文参照）。

▽大阪市教委は給食用として納入されている牛肉に輸入牛肉が偽装、混入されている疑惑があるので、問題業者への立ち入り調査を行なうことを決めた。神戸市教委もこの業者に納入の自粛を申し入れた。
▽農水省は九九年のJAS法の改正時に、原産地の表示の偽装のチェックができないことを認めていたことがわかった。
▽伊藤忠が雪印乳業の再建問題で、支援に際しては雪印乳業社長の退陣を含めた経営の刷新が条件であるとの意向を伝えていることがわかった。

2月22日

▽二二日午前に開催された雪印食品の臨時取締役会は経営再建を断念し、四月末をめどに会社を解散することを決めた。当日、東京都内で、記者会見を行ない、雪印食品の岩瀬弘士郎社長が発表した。雪印乳業の岡田晴彦副社長も同席した。
　解散に伴う損失額は約二四〇億円である。雪印乳業が約二五〇億円の金融支援を実施する。従業員約九五〇人の雇用確保や営業譲渡先の確保に全力をあげると述べた。
▽東京証券取引所は二部に上場している雪印食品の株式を五月二三日付けで上場廃止にすると発表した。

第2章　偽装工作の構図とそのダメージ

1　偽装工作の構図

雪印食品牛肉偽装事件の真相については、今後、行政当局によるより詳細な調査が行なわれることになるだろう。さらに合同捜査本部による捜査と、そのあとに続く裁判などの課程で、その実態や背景がいっそう明らかにされるものと思われる。

現時点までに判明した、雪印食品による偽装工作の概要は、図8のように示すことが出来る。雪印食品の親会社にあたる雪印乳業が二〇〇〇年六月にひきおこした低脂肪乳食中毒事件によって、それまで業界のトップにあった雪印関連企業のイメージは急落して、共通の雪印ブランドマークに対する消費者の信頼感が消失してしまった。このことは雪印乳業だけでなく、関連企業全体に業績の不振を招くことになった。

この点では雪印食品でも例外ではなかった。二〇〇〇年度の決算では約二五億円の赤字を計上し、二〇〇一年一一月の初旬には、希望退職者を募っていた。リストラの対象として、四五歳以上の従業員約一〇〇人を予定していたところ、実際には一一月末の締め切り時点で、一一四人が退職に応じた。職員の間には、業績の不振やリストラ不安による動揺が色濃く漂うようになっていた。

同時に、各ミートセンターなどの事業所でとられていた独立採算の体制が職員たちの焦りを増幅していた。営業拠点等の統廃合案も浮上していて、職員の間に、不法行為に訴えてでも、所属事業所の業績をあげようとするいらだちが見られるようになっていた。

二〇〇一年の九月以降は、わが国でも狂牛病問題が大きくクローズアップされるようになった。EUなどの体験に学んで、正確に規制を行なっておれば異常プリオンに汚染された肉骨粉などの輸入を食い止めることができたのに、農水省はそれをしなかった。そしてわが国はヨーロッパ以外での最初の狂牛病発症国となった。

消費者は行政に対する不信感を持たされた。一〇月一八日以降の全頭検査の実施にもかかわらず、牛肉の消費は極端に落ち込んだままであった。とくに国産牛肉に対する信頼感が地に落ちた。このことが牛肉と牛肉製品関連企業である雪印食品に打撃を与えないはずがなかった。牛肉の在庫が増えた。倉庫は満杯となった。狂牛病の牛が発見されるたびごとに回復しかけた売上げが落ち込んだ。

この時点で、畜産農家も牛肉の価格低落のために塗炭の苦しみに追いやられるようになった。飼料関連企業から焼肉店に至るまで、不況のどん底に追いやられた。生産農家は、全頭検査で狂牛病が発見されることを恐れて、高齢牛を屠殺処理に出さなくなった。あるいは出せなくな

図8　雪印食品牛肉偽装事件の構図

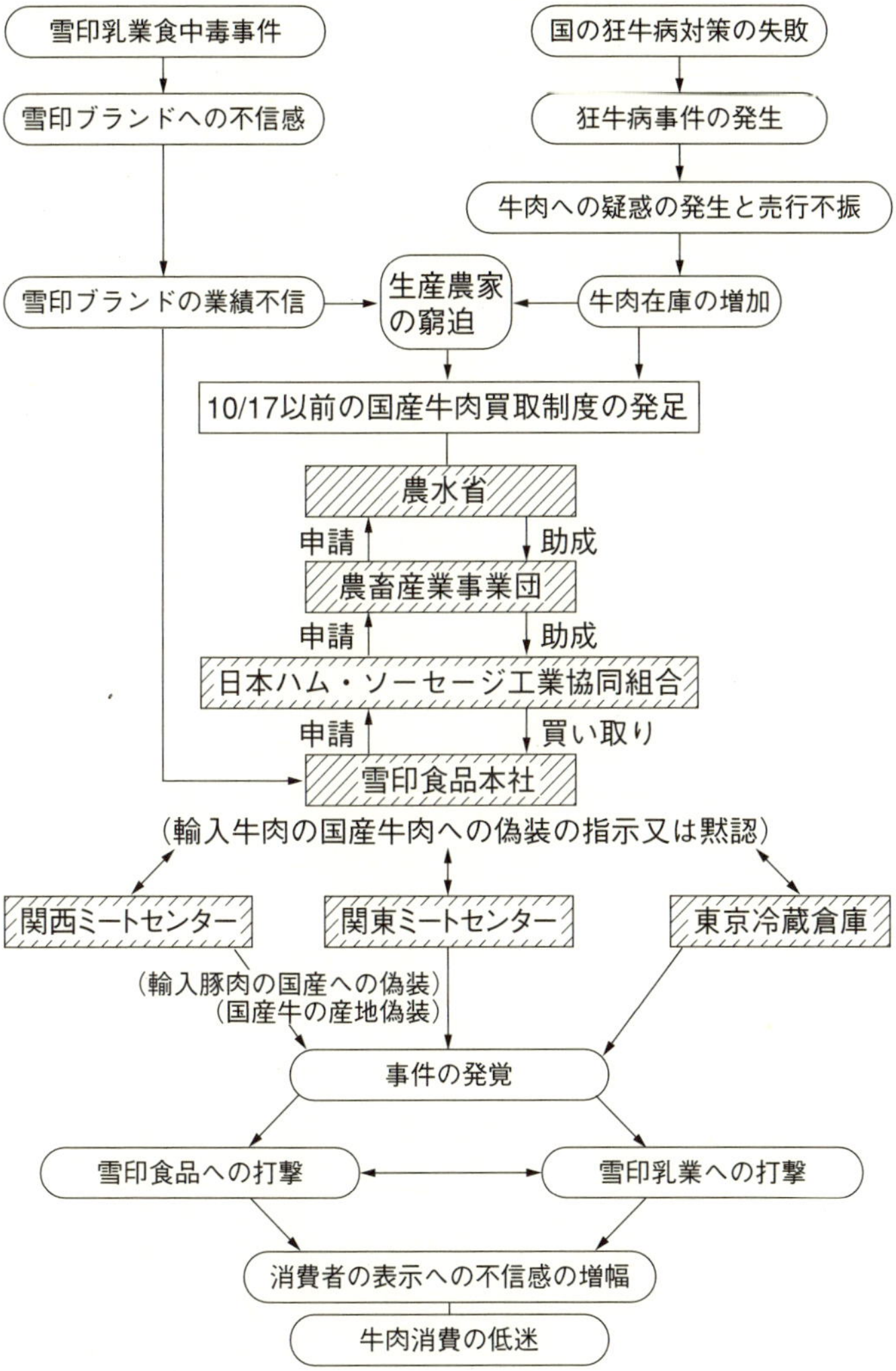
雪印乳業食中毒事件
国の狂牛病対策の失敗
雪印ブランドへの不信感
狂牛病事件の発生
牛肉への疑惑の発生と売行不振
雪印ブランドの業績不信
生産農家の窮迫
牛肉在庫の増加
10/17以前の国産牛肉買取制度の発足
農水省
申請
助成
農畜産業事業団
申請
助成
日本ハム・ソーセージ工業協同組合
申請
買い取り
雪印食品本社
(輸入牛肉の国産牛肉への偽装の指示又は黙認)
関西ミートセンター
関東ミートセンター
東京冷蔵倉庫
(輸入豚肉の国産への偽装)
(国産牛の産地偽装)
事件の発覚
雪印食品への打撃
雪印乳業への打撃
消費者の表示への不信感の増幅
牛肉消費の低迷

った。所謂、「廃用牛」の処理問題がクローズアップするようになった。

この時点で、もうひとつの問題が生じていた。それは、政府のいうとおりであれば、一〇月一八日以後の全頭検査をうけた牛肉は安全であるとしても、一〇月一七日以前に、屠殺、解体処理された牛肉の安全性は不明のままであり、すでに冷蔵倉庫にある牛肉、約一万四〇〇〇トンをどうするかということであった。自民党を中心にこの問題は協議され、最終的に政府が買い上げて、焼却処理することになった。そして農水省が牛肉在庫緊急保管対策事業として、図8に示したような仕組みで対処することになった。

すなわち、一〇月一七日以前に処理した牛肉を保管している各企業は、政府が指定した日本ハム・ソーセージ工業協同組合や全農などの六団体に買い取りを申請する。六団体は農畜産業振興事業団に申請し、さらに申請を受けた国が事業団に助成金を交付し、その助成金で六団体が各企業から買い取りを行なうことと決められた。

この制度では、あくまでも信頼の原則が前提となる。しかし、短期間に処理を強行しようとすれば、たとえば以下のような違法行為が可能となる。
① 輸入牛肉を国産牛肉と偽って申請する。
② 牛肉以外の畜肉を牛肉と偽る。
③ 一〇月一八日以後に処理された牛肉を一七日以前の牛肉と偽る。
④ 申請、買上げ数量を水増しする。

⑤　牛肉保管企業から申請を受けて国から助成金を受け取る中間団体が申請額を水増しする。

こうした不正を防止するためには、関連企業のモラルが厳正であり、申請、助成に関与する団体、組織間の相互協力が必要であり、業界、行政側の監視、チェックシステムが完備しており、さらに現物の点検、移動の確認、帳簿の査定を行なう組織的な体制が確立していなければならない。もちろん経理や情報の公開など、透明性が保証されていることも求められる。たとえば、上記の②などは一見ありえないと思われるが、それは中間的なチェック体制が穴だらけである限り、適当な畜肉を箱詰めして、密封し、適当なラベルを貼って、未開封のまま、最終的に焼却場まで運び込むことに成功しさえすれば、容易に可能になることである。

雪印食品が行なった偽装工作の全容はこれからもっと明らかにされるであろうが、すくなくとも上記の①、④で予想されたような行為をおこなっていた。そしてこれさえも、内部告発や密告さえなければ、決して発覚することはなかったのである。

雪印食品では、本社のミート営業調達部と関西ミートセンター、関東ミートセンターが申し合わせたように、一一月五日までに輸入牛肉の国産牛肉への偽装工作を終えている。そして一一月六日に日本ハム・ソーセージ工業協同組合に全量の買い取りを申請したとされている。これでは、組織的な画策が本社の指示、あるいは黙認のもとで行なわれていた可能性があるとされても仕方がない。その後の捜査の中で、本社の前担当部長は申請前に偽装工作の事実を知っていた、あるいは偽装を指示していた疑いが浮上してきた、とも報じられている。

一〇月一七日以前の輸入牛肉であれ、一〇月一八日以降の、国産あるいは輸入牛肉であれ、開封、点検さえ免れれば、偽装牛肉は焼却場まで無事、直行できたはずであった。自社の息のかかった冷蔵会社の倉庫で箱詰めして、自社の指示でどうにでもなるラベルを作らせて、貼り付けて、自社のトラックで焼却場に運ぶ。後は書類処理だけのこと、証拠は後に全く残らない。雪印食品の関係者たちはトップブランドの信用を笠に着て、完璧に不正をやりおおせると考えていたのではなかったか。

狂牛病の発生以来、輸入牛肉であれ、国産牛肉であれ，消費者は買ってくれなかった。倉庫は滞貨の山であった。農畜産業振興事業団の統計によると、オーストラリア産牛肉の卸売価格は二〇〇一年一〇月の実績で、冷凍ものなら一キロ当たり最高で四八五円、冷蔵もので最高八七五円であった。他方で国の牛肉在庫緊急保管対策事業の買上げ価格では、最高で一キロ当たり一五五四円であった。輸入牛肉以上に不人気の、売れない国産牛肉の処分にかこつけて、雪印食品の関係者はまさしく格好の抜け道を通ろうとしたのである。

上記の②、③はまだ証明されていない。また⑤もあってはならないことである。しかし、後述するように、国のチェック体制に欠陥が多く、短期間に無理のある処理をした以上は、不正行為が起こりうる。今後さらに精細な点検と調査が行なわれることが期待される。各企業内での伝票処理の不正などが連日のように報道されているような昨今でもあるからである。

国民、消費者は怒っている。そして正直なところあきれ果てている。わが国を代表するトップブランドの雪印食品にしてさえも、この有様であっては、他は押して知るべしではないか、と考えたくなるのも当然のことである。しかもこの事件は、親会社の雪印乳業が史上最大などといわれる食中毒事件をおこしたあと、全社を挙げて、ひたすら謹慎して、信頼を取り戻すために努力していると信じられていた矢先のことであった。余りにもひどい雪印ブランド企業の裏切り行為に、もはやいう言葉もない、というのが消費者側の正直な反応であっただろう。

2　雪印食品、雪印乳業と関連業界へのダメージ

(1)　雪印食品へのダメージ

雪印食品の製品は全く売れなくなった。ダメージは日を追って大きくなった。二月のはじめには、以下のような事業の縮小、撤退がすでに決まっていた。

①　二〇〇一年一月二八日から二三〇品目の製造、販売を中止。
②　豚、鶏肉を含む食肉（精肉）事業から撤退する。
③　二月中に、全国四カ所のミートセンター（札幌市東区の北海道、岩手県花巻市の東北、兵庫県伊丹市の関西、埼玉県春日部市の関東）を閉鎖する。
④　全国四カ所のハムソーセージ工場（北海道早来町の北海道、埼玉県春日部市の関東、兵庫県宝塚市の宝塚、岩手県花巻市の東北雪印食品）の製造量の急激な低下、直営三工場の操業

が困難となり、二月五日時点では、雪印商品の撤去や売れ行き不振によって、全国の雪印食品工場の稼働率は一～二割と落ち込んだ。このままでは操業停止もありうると見られていた。

⑤　三月一〇日付けで、全国の支店、工場、事業所等で働くパート従業員や嘱託約一〇〇〇人に対して解雇を通告した。

⑥　株価は事件発覚前の一月二二日には九二円であったが、発覚後の一月三一日には上場以来の最安値である四六円まで急落した。さらに二月五日には三〇円にまで下がった。不正のつけは余りにも大きかった。そして、ついに事件発覚後、丁度一ヵ月経った二月二二日、岩瀬弘士郎社長は記者会見で、経営再建を断念し、四月末をめどに会社を解散することになったと発表した。

(2)　雪印乳業へのダメージ

雪印乳業は低脂肪乳食中毒事件で甚大な打撃を蒙っていた。急減した牛乳、乳製品の売上げが回復しない中で、今回の雪印ブランドの有力子会社である雪印食品の不祥事によって、いっそうの業績低下が見込まれており、関係金融機関や外資系を含む他社企業との合弁などの再建策を模索している。

雪印乳業は雪印食品の不祥事以前に、すでに業界トップの座から第三位に落ちていた。赤字決算がさらに拡大する可能性が大きい。牛乳工場の閉鎖あるいは分離を進めており、事件前の二一工場から三月末には一一工場に減らすことを予定している。食中毒事件後の雪印工場の操業状況は表18に示すとおりである。

二月五日、雪印乳業の西紘平社長は記者会見を行ない、雪印食品の不祥事による乳業本体へのダメージが大きく、現状を放置できないので、雪印グループとしての再建策が必要であり、次の骨子に要約されるような方針を実施する予定であると発表した。

① 他社の傘下に入ることを含めた、資本提携について検討を行なう。今年度内に決着を目指したい。出資比率は最大で五〇％の場合もありうる。出資先からの役員派遣を受け入れる方向で検討する。

（すでに飲料デザートでネスレと、アイスクリームでロッテと、冷凍食品で伊藤忠商事と提携、事業統合している。）

② 牛乳、ヨーグルト等の牛乳関連の事業は地域ごとに別会社を作る等の方法で、再編、分社、統合を行なう。農協や生産者等の協力を求める。

③ 酪農専門の農協の全国組織である全酪連（全国酪農業協同組合連合会）と共同出資で別会社を設立し、牛乳事業を切り離す方向で検討に入る。

④ 社名と雪印ブランドは原則的に維持、継続する。しかし個々の商品によっては雪印のブランドを使わないものも出てくる。

⑤　雪印食品の存廃は二月上旬に出される同社の再建策を見て検討する。
⑥　三月末までに具体的な再建策を公表する。
ちなみに雪印乳業の株価は、一月五日には、事件発覚前の二二四円から一一七円まで急落した。

二月二二日には、雪印食品の解散を決定し、これに伴う負債の弁済のために約二五〇億円の支援を行なうことになった、と発表した。

(3)　関連業界へのダメージ

酪農、家畜関連の生産農家、関連業界に対する影響も甚大である。「一流ブランドでさえも」という見方が消費者の間に根強くあることによって、乳製品、肉製品の表示は全般的に信用できないというムードが漂うようになった。

このままでは国産酪農、畜産関連業界も雪印食品に引きずられて、消費者から見放されることになる。業界は、これ以上のダメージを回避するために、早急に以下のような善後策に取組む必要が生じてきた。
①　各企業が自己点検を厳格に行なって、不正行為がなかったことを確認し、
②　これまでの経過を正確に総括して、反省するべき点を明らかにして、
③　期限を明示して対策に取り組み、

表18　食中毒事件後の雪印乳業工場の状況

名　称	場　所	主製品
○札幌	札幌市	牛　乳　類
○大樹	北海道大樹町	乳　製　品
○磯分内	同標茶町	乳　製　品
○興部	同興部町	乳　製　品
○幌延	同幌延町	乳　製　品
○中標津	同中標津町	乳　製　品
○別海	同別海町	乳　製　品
▲仙台統括	仙台市	牛　乳　類
○青森	青森市	牛　乳　類
▲花巻	岩手県花巻市	牛　乳　類
▲東京	東京都北区	牛　乳　類
○日野	同日野市	牛　乳　類
○厚木	神奈川県海老名市	牛　乳　類
○野田	千葉県野田市	牛　乳　類
×新潟	新潟県新発田市	牛　乳　類
○名古屋	名古屋市	牛　乳　類
▲静岡	静岡市	牛　乳　類
○愛知	愛知県小坂井町	牛　乳　類
▲北陸	石川県松任市	牛　乳　類
×大阪	大阪市	牛　乳　類
○神戸	神戸市	牛　乳　類
○京都	京都府八木町	牛　乳　類
▲広島	広島市	牛　乳　類
×高松	高松市	牛　乳　類
○倉敷	岡山県倉敷市	牛　乳　類
○福岡	福岡市	乳　製　品
☆都城	宮崎県都城市	乳　製　品
○群馬	群馬県大泉市	乳　製　品
○厚木マーガリン	神奈川県海老名市	マーガリン
○横浜チーズ	横浜市	乳　製　品
○関西チーズ	兵庫県伊丹市	乳　製　品
△群馬冷食	群馬県大泉市	冷凍食品
△兵庫冷食	神戸市	冷凍食品
○岩手医薬品	岩手県花巻市	医　薬　品

（注）○存続、×閉鎖、▲は02年3月に閉鎖予定、△は子会社移管、☆は牛乳類生産ラインのみ閉鎖

出所）毎日新聞02年2月7日記事

④ 農水省に対してもいうべきことを言ったうえで、国の支援を要請する。
⑤ 消費者に対して、業界として今回の不祥事を公式に謝罪し、信頼回復に取り組むことを約束する
⑥ その上で、消費者に国産酪農、畜産業の再建のための協力を要請する。

酪農畜産品の売れ行きが落ちた場合、最大の被害を蒙るのは零細な生産農家であり、牛肉販売の小売店や、焼肉店などである。何の罪もないこれらの生産者、中小企業者が一様に倒産に追い込まれることを国は放置してはならない。このままでは、国産酪農、畜産自給率の急低下を許すことにもなりかねない。

今回の牛肉関連産業全体が受けたダメージは、その元を尋ねれば、狂牛病などの対策を誤った国のありかたに起因している。輸入牛肉よりも評価の高かった国産牛肉の信用を一挙に低下させてしまった責任は重大である。売れ行き不振と牛肉滞貨の山にいらだって、不祥事をひきおこしてしまった雪印食品のモラルを非難することはたやすいが、次章に示すような、この不祥事が発生してきた問題の本質を見誤ってはならない。関連業界は、このままの状況を放置しておれば、類似した不幸な事態の再発を許してしまう恐れがあることを決して忘れてはならないだろう。

第3章　問題点の把握と不祥事の再発防止のために

1　行政側の対応には問題がなかったか

この事件が発生した背景には、農水省が狂牛病対策に失敗して、結果的に国民、消費者の間に、牛肉の安全性に対する、言い知れぬ不安感、不信感を生みだして、消費が極端に落ち込み、関連企業が極度の営業不振に陥っていたという事実がある。雪印食品の現場関係者たちも企業の存廃にかかわる焦燥感に耐えかねて、ついにこのような不正を働いてしまったのではないか、といわれている。

もちろん雪印食品の偽装工作は卑劣な犯罪であり、消費者への裏切り行為であって、決して許すことはできない。しかしこの企業をこうした事態に追い込んだのは誰であったのか、ということを忘れるわけにはいかない。農水大臣をはじめとして、今回の偽装事件に際して、政府関係者があたかも他人事のような態度を取っているのはまことに心外なことである。

社民党の土井委員長は、東京都内で記者会見し、「今回の事態は農水省が牛肉の買い取り制度の適用条件を緩和したことが原因だった」と語った。すなわち、この制度では一〇月一七日以前に解体処理された国産牛肉を六団体が国の補助金で買い上げるということになっており、当初の一〇月二四日付の文書では、対象となるのは「（食肉処理場が発行する）食肉処理したことを示す証明書を提出できるもの」となっていた。ところが一〇月二六日には農水省は冷凍倉庫業者等の「在庫証明書」の発行でよいことにした。土井委員長は「わずか二日後の方針転換は不明朗であり、政治家の圧力があったのでは」と指摘したという。

報道によれば、牛肉在庫緊急保管対策事業が発足した当初から大手の食肉業者の間では、これでは「輸入牛肉と混乱する心配があるのでは」という声が多かった、といわれる。国産牛肉であることは公的機関である食肉検査所の「と蓄証明書」で証明されるが、これは業者の申請があった場合に任意でなされることであって、当時は証明書がないものも多かった。そのために、この事業では、証明書の添付は必要条件とはならず、倉庫業者の在庫証明だけで実際に買上げが行なわれた。

当時、農水省は「在庫証明が偽造されても、牛肉の外箱と真空パックに張られた産地や加工日を示すラベルでチェックできる」としていた。しかしこれでは、輸入牛肉を国産牛肉の箱に詰め替えて、伝票を書き換えるという方法でチェックをすり抜けることができる。自社の影響力のもとにある倉庫会社やラベル発行会社と口裏を合わせれば不正が容易に可能になる。雪印食品はトップブランドの権威を笠に着て、こうした偽装が難なくまかり通ると確信していたのであろう。

農水省側は、折角ＪＡＳ法で原産地表示を定めていても、これが必ずしも正確に守られていないという現状を知っていた。この制度を守るための指導、監視の体制が不完全極まりないということや担当部局の人員が極度に不足している、という実態も十分に知りながら、事態を放置してきた。このような実情の中で、牛肉在庫緊急保管対策事業を性急に進めた場合に、今回のような不祥事、表示偽装事件が起こりうることは容易に予見できていなければならなかったはずである。

農水省は雪印食品の事件が発覚した一月二三日に、急遽牛肉の買上げを行なう業界六団体に、買い上げた牛肉の緊急検査とその結果の報告を求めることにしたが、この際に、検査の方法も基準も全く示さず、しかも報告をたった六日後の二九日までに、至急に提出するように求めた。

農水省の係官は、「期限内にすべて提出されるかはわからない。誓約書の提出でも構わない。」などと述べたと報じられている。買上げ機関、たとえば全国食肉事業協同組合連合会では六一七〇トンを買い上げることになっており、さらに三二社から三四一四トンを買い取った日本ハム・ソーセージ工業協同組合では全国の約一五〇カ所の倉庫に保管中の大量の牛肉の検査を行なわねばならず、六日間という短期間に検査を済ますことは無理である、と述べたといわれる。要するに農水省側では、正確な検査、証明が不可能なことを承知のうえで、自主点検というかたちで責任を業界に押しつける形をとった、としか思えない（文中の数量などは毎日新聞の記事から引用した）。

事件発生後に、農水省側では、「業界を信頼していた。こうした不正が行なわれる、などとは思わなかった。信じられない」などと述べているが、法的、行政的な万全の体制を組み立てて、厳格な検証体制を準備して、適当な期間をおいて、その上で慎重に対策を実施する、という行政側としての責任感に緩みがあったことは否定できない。

かって、狂牛病対策で責任を追及された場合にも、農水省は、狂牛病の原因とされる肉骨粉の使用を禁止した通達が（酪農業界や生産農家によって）守られなかったことは遺憾である趣旨のことを述べていたが、これは通達でなくて、法的禁止の方途を採用しなかった自らの不手際をさし置いて、あたかも行政の通達を守らなかった一部の生産農家に問題があったかのようないい分であった。今回の場合も全く同様であり、度重なる責任転嫁のあり方は厳しく批判されねばならないだろう。少なくとも農水省には、雪印食品を批判する資格がない事だけは確かである。

2 狂牛病対策での行政側の責任を自覚せよ

今回のような事態の再発を防ぐためには、農水省や厚生労働省が、牛肉の消費減退を招いた狂牛病問題での行政側の責任を具体的に自覚したうえで対策に取り組むことが必要である。

わが国の政府が、ＥＵ並みの肉骨粉についての規制対策（全面輸入禁止、国産品の一時使用の停止）を実施するようになったのは、やっと二〇〇一年一〇月時点で、狂牛病が発生した後であったことが示すように、わが国の狂牛病対策が欧州、アメリカ、オーストラリア等と比べて大幅に遅れていたことは明らかである。狂牛病が人の新型クロイツフェルト・ヤコブ病と関連しているだけに、厚生労働省でも早くから農水省と連携して対策を講じるべきであった。放置しておれば牛肉不安を招くのは十分に予見されたことであった。イギリスやフランスを始めとする欧州等での情報が豊富にありながら、国が最近までほとんど実効性のある対策を講じていなかったことには全く弁解の余地がない。

⑴　責任認知の必要性

農水省は狂牛病問題の経過を自ら検証して、どの時点でどのような対策をとるべきであったか、または、とるべきではなかったかを明らかにしたうえで、今回のような事態を招いた責任を自覚、自認せねばならない。特に二〇〇一年一月にＥＵが送付してきた「DRAFT FINAL REPORT」が示していた、わが国における狂牛病発症の危険性に関する客観的な叙述を見ると、わが国の畜産関係行政の当事者に、この程度の事実認識と予見性がどうして存在しなかったのかが不思議に思えてならない。

責任は決してうやむやにしてはならない。

一九九六年四月にＷＨＯの、肉骨粉の禁止を求める勧告が出たあとの対応について、農水省、厚生労働省の歴代担当者に対するアンケート調査の結果が、二〇〇二年一月三一日に開かれた第五回ＢＳＥ（狂牛病）調査検討委員会で公表されたが、そこでは大略次のようなことが明らかにされている。

①、肉骨粉を法規制するべきだと考えていた者が農水省の当時の担当者五二人中八人いた。
②うち一五人は、飼料の生産過程で鶏、豚用の肉骨粉が混入する可能性も認識していた。
③狂牛病の国内での発生を懸念していた者は、農水省では八六人中一八人、厚生労働省では一八人中五人いた。
④法規制が必要と思っていた八人は「実行できるポジションではなかった」と答えた。

農水省、厚生労働省の当時の担当者の責任は重大である。少なくとも行政側として狂牛病の発生は予想もできなかった、などということはできないだろう。

(2) とるべきであった対策

農水、厚生労働行政が具体的に対処するべきであった事項を正確に示しておこう。

1 飼料対策

肉骨粉が狂牛病問題の核心にある、ということは早くから明らかであった。にもかかわらず、イギリスからの肉骨粉も相当期間輸入されていたし、第三国を経由して輸入される可能性のあるイギリスをふくむ欧州諸国からの肉骨粉の輸入も認められていた。これはアメリカなどと比べて非常に手ぬるい措置であった。このような飼料が輸入されている限り、これらを与えられた牛に狂牛病が発生している可能性があったと見るべきであり、その意味では、国産牛の肉骨粉についても警戒を怠らず早期に使用をやめるべきであった。九六年にとられた措置も指導、通達に留まっており、法律に基づく禁止ではなかった。豚、鶏飼料への肉骨粉の使用が許されていたために、牛用に転用される経路も残してしまった。製造施設でも牛用と豚、鶏用の製造ラインが共通で、微量とはいえ、汚染肉骨粉を介して異常プリオンの汚染、移行が起こりえた。

農水省は狂牛病問題対策の核心が病原体異常プリオンの移行を食い止めることにあるという認識を、ＥＵでの情勢から、すでに九〇年に、おそくとも九六年時点には持つことができたはずである。そしてとくに輸入肉骨粉を介しての異常プリオンのわが国への移行を食い止める必要があることに気づいていなければならなかった。その意味では、具体的に、

①　ＥＵ諸国からの肉骨粉の輸入状況について調査すること

②　ＥＵ諸国での調査資料を入手して解析すること

③　学会報告、輸入、輸出統計などに注意すること

④　係員を現地の肉骨粉生産国に派遣して調査を行なうこと

⑤　資料の解析からの結論に即してわが国での対策を講じること

が必要であった。たとえば、ＥＵ委員会の調査委員会が九八年五月にイタリアの食肉処理場を調査して、イタリア産の肉骨粉には問題があることを指摘していたが、この資料などが入手

できておれば、大蔵省の輸入統計でイタリアからの肉骨粉の輸入量が急増していることに対しても、直ちに、対策を講じることができたはずである。

二〇〇二年二月一三日になって、農水省はこの件についてのイタリア政府の公式回答の内容を公表したが、一九九八年六月までは、一三六度、三気圧、三〇分の加圧消毒条件を満たす装置が処理工場に設置されていなかったことが明らかにされた。また肉骨粉に添付されていた輸出検査証明書も虚偽であった可能性が強まったという。イタリアのこの工場から、九五年以後、九八年六月までの間だけでも、丸紅、三菱商事など五社が計六〇六トンの肉骨粉を輸入していた。

農水省はEU現地に的を絞って、さらに肉骨粉に焦点を当てて対策を講じるべきであった。そして率直にわが国への異常プリオンの侵入と、狂牛病発生の可能性を認めたうえで、厳しい対策を実施する責任があった。その後の国会などで農水省の担当者は、根拠のない安全説を振りまき、結果として狂牛病の発生を許し、生産者、消費者に大きな打撃を与えることになった。小林芳雄農水省生産局長は二〇〇一年一一月二七日の参院農水委員会で「加熱処理した上で輸入している」と答弁して、イタリア産肉骨粉の安全性を強調したと報道されているが、彼はこの時点では、初期のイタリア産肉骨粉の処理条件に関する正確な情報は持っていなかったはずである。

肉骨粉の禁止に関しては、九六年四月三日にWHOからの勧告があり、これを受けて農水省農業資材審議会の安全性分科会家畜飼料検討委員会（座長とも委員一三名）が四月二四日に開催されている。

当日の討議の議題は「法的禁止について」であったが、当時の流通飼料課の課長であった敦賀英敏・動物検疫所神戸支所長が座長（当時、新潟大学農学部教授であった石橋晃氏）に予め「結論を出さないように依頼した」という。委員会では、二名の委員から「法律で禁止するべきだ」との意見が出たが、反対する意見はなかった。しかし座長は農水省側から「結論を出さない方向でまとめてほしい、と依頼されたため」、結論を先送りしたことが明らかにされている（毎日新聞二〇〇一年一二月一五日付記事）。

農水省が、この委員会の結論に従って、肉骨粉の使用を、法律での禁止でなく、行政指導に止めたことが、現場での肉骨粉使用の禁止が徹底せず、従って、汚染肉骨粉の拡散を許してしまう結果になったことは明らかであり、その意味で、今日のような狂牛病牛の発症の続出とこれに伴う大きな混乱を引き起こすことになった、この委員会の責任は非常に重いといわねばならない。

同時に、以上の経過は、従来からいわれてきたことではあるが、行政側の審議会や委員会の性格、委員の選出の仕方や、行政側の裏工作、委員、とくに座長や責任者のモラルのあり方などが改めて強く問われねばならないことを教えている。

リチャード・レイシー教授はその著書の中で、自らの体験を踏まえて、イギリスでの官製委員会の委員の選出や運営のありかたについて、強く批判しているが、洋の東西を問わず、委員会の運用を誤ると、とくにリーダーが行政よりの路線をとるような場合には、結果的に大きな禍根を残すことになる（リチャード・レイシー『狂牛病』緑風出版、訳書、九六頁）。

2　解体処理対策

異常プリオンを濃厚にふくむ危険部位は早くから明らかにされていた。したがって危険部位の処理については早期に規制を行なうべきであった。「背割り」といわれる解体法についても、欧州などに学んで、脊髄からの汚染を防止する方法を検討するべきであった。解体後の各部位がどのような経路で肉骨粉となり、あるいは人の食用になるのかも十分に把握できていなかった。千葉での最初の狂牛病牛の発見当時の記録は行政側の無為無策を如実に示している。

解体処理対策についてはイギリス、欧州各国の先例があり、農水省は早くから調査検討を行ない、わが国での異常プリオンの感染、負荷を、アメリカやオーストラリアのように、軽減、あるいはゼロにすることができたはずであった。

3　検証対策

農水省は二〇〇一年四月から年間三〇〇〇頭を目標にプリオニクステストによって検査をすすめていた。千葉の狂牛病牛は一旦陰性と判定されながら偶然の経過で再検査を受けて狂牛病と確定された。もしもこのとき発見されていなければ、この牛の肉骨粉はどこかの牛の飼料に混ぜられて、より多くの狂牛病牛を発症させていたかもしれない。二〇〇〇年度までは組織切片を調べる検査方法をとり、一九九六年度から二〇〇〇年度までの五年間に、立てないなどの神経症状が見られた二歳以上の牛一三九頭を調べている。全国の年間の解体処理牛が一〇〇万頭を越えるような現状の中で、農水省がこのような少数の検査調査が有効であるとしていたことには大いに疑問がある。

最初の狂牛病牛が発見されて、批判が強まり、政府は急遽、検査体制の整備に乗り出したが、全頭検査のための全国食肉検査所で使用する検査キットが開始時点の数日前に入荷するというようなありさまであった。

農水省は二〇〇一年六月一八日に、ＥＵから日本でも狂牛病の発生の可能性があると指摘された時点で、この評価は誤っていると反論し、報告書を公表させなかったといわれるが、これでは飼料対策の徹底や検査調査による確証も全くないままに、単なる思い込みで、安全である、としていたことになる。

飼料、解体、処理のそれぞれの対策を怠り、検査調査による安全性の確認をしないでおれば、いつかは破局を迎えることは自明のことであったといわねばならない。

農水省は二〇〇一年一〇月一八日から、解体処理時での全頭検査を行なうことにした。安全宣言はこれに基づいている。しかしリチャード・レイシー教授はつぎのように述べている。「今のところ、どのように検査を行なっても、どの部位にどの程度プリオンが蓄積されているかを明確にすることはできません。また、感染していて未発症の肉牛を食べても大丈夫か、という疑問には誰も答えることができません。安全宣言を出すのは早すぎると思います」（『文藝春秋』二〇〇一年一二月号、一九一頁）。

狂牛病を根絶するためには、検査体制の整備が重要ではあるが、それと同時に、政府は、迅速、正確、簡易な、生前検査法の開発によって、生牛の段階で対策を講じることができるように、あるいは飼料の段階で異常プリオンの検出が可能になるように、研究開発が行なわれることを極力支援するとともに、あくまでも未解明の部分が多い狂牛病や新型クロイツフェルト・ヤコブ病についての対策を慎重に行なうことが必要であった。

4　監視、指導対策

通達による肉骨粉の使用禁止が守られているかどうかは、監視、指導対策を誠実に推進していてこそ明らかになる。農協、業者、酪農家に対する指導、監視を徹底することなしに、通達の実効性が期待されるはずがなかった。全国の自治体での指導、監視要員は大幅に不足していた。

飼料業者の一部に、不正表示を行なっていたものがあるといわれるが、農水省の担当官は業界団体に加盟していない業者に対する指導などは初めから「あきらめ顔」であったなどと報じられている。

通達でなくて、罰則付きの法律での禁止であれば、まだしも効果があったかもしれないが、農水省はそのような厳格な規制を行なわなかった。

国の食品衛生行政では、食品衛生監視員の法定監視回数を大幅に下回る地域現場での指導、監視体制が常態化していることは第1部で述べたとおりである。事実上、消費者のための、食品の安全確保に関わる監視責任が放棄されている、としかいいようがない実態が認められている。

このことは、農林水産の現場でも全く同様であり、生産品の表示や商品の安全性について指導、監視、検証するわが国の行政側の体制の弱さには歴然たるものがある（拙著『食品衛生法』合同出版、一九九七年刊）、『食品被害を防ぐ事典』（農文協、二〇〇一年刊を参照）。

5　表示と情報公開対策

農水省の担当者の発言は二転三転していて、一貫性がない事例が数多く見られた。与党や農水族といわれる有力者からの圧力で発言が左右される場合もあった。そのような行政側の態度が業界、消費者の不信感をいっそう増大させた。農水省と厚生労働省の対応もちぐはぐで必ずしも一致していなかった。これらは行政部内に、国民、消費者の安全を第一義的に重視する、洗練され、統一された基本的な政策や方針が不在であったことを意味している。したがって関係業界、業者、そして消費者が最もその影響を受け取ることになった。安全飼料の投与、健康審査の完了、輸入先の証明等の表示など、飼育された牛に全く衛生上の問題がないことを示すような、EU諸国での、耳タッグやパスポートの義務付けなどの施策も、わが国では狂牛病が発生するまで全く検討されることがなかった。

6　輸出入対策

狂牛病多発地帯からの肉骨粉の輸入実態を正確に把握したうえで、早くから危険な輸入経路を完全に遮断するべきであった。九六年にイギリスからの輸入を禁止して以来、二〇〇一年一月にEUからの輸入を禁止するまでに、国内に持ち込まれた約八万トンの肉骨粉についても容疑がある、ということを農水省は早くから知っていたはずである。検疫所での認証を強化して、異常プリオンの侵入を早期に阻止するべきであった。厚生労働省でも牛肉や、牛由来の医薬品、化粧品について水際での検疫を厳格に行なって、今回の狂牛病牛の発見以後になって、初めて業者に安全かどうかを、短期間に自主点検、自主回収させるような無責任な態度をとるべきではなかった。

7　生産者対策

諸外国に比べて規模が非常に小さいわが国の酪農、畜産関連の生産農家に対して行政は制度、税制面での支援を惜しむべきではなかった。輸入攻勢が激しさを増す中で健闘している生産農家の存在が、かろうじてわが国の食糧、畜産品の自給率を支えて、たとえば国産和牛などの高い評価を得てきたのである。にもかかわらず、狂牛病の発生によって、これらの生産農家を、最大の被害者にしてしまった。国産牛の信用を突き崩してしまった。雪印食品もまた、これらの農家と最も近いところにいて、窮地に立っていた業界の関係者のひとつであったのである。

8　消費者対策

農水省や厚生労働省はこれまで、必要な規制対策を誠実に実施することなく、消費者にはただ、安全、安心を信じさせようとしてきた。起こるべくして起こってきた牛肉、牛由来食品に対する不信、不安感のために、肉類の消費が落ち込んできたことを、消費者の「いわれなき風評被害である」などといってきた。まるで、それは消費者の無知や愚かさによるものであると、いわんばかりであった。

ドイツでは農水省、保健省の両大臣が狂牛病発生の責任を取って辞任した。しかしわが国では、農水、厚生労働大臣が「大口をあけて、ステーキをほおばってみせた」などと海外にまで写真入りで報道された。

消費者は、その商品がどの程度問題であるかを判別する手段を持っていない。狂牛病の発生以後に、ことの重大性を初めて知らされた。危険部位が何処なのかも初めて教えられたのである。

行政側には、消費者に対して信頼できる情報を提供する責任があった。しかしＥＵの評価書さえも国民には知らされなかった。

以上に述べたように、国家として、当然遵守するべき行政の責任が放置されてきたことから、狂牛病事件が発生し、消費者の間に牛肉不信がひろがり、消費の減退がおこり、ひいては業績不振に喘ぐ企業の中に、雪印食品のような、産地偽装の不正行為、不祥事が発生してきたのである。

基本的には、国が早くから、食品衛生法、屠畜処理法などを改正して、問題点を是正した上で、行政が確信を持って対処できるようにしておかねばならなかったのである。

3 汚染源、感染ルートの解明こそ牛肉不安を取り除く

(1) 感染源の解明についての農水大臣の見解

武部勤農水大臣は、二〇〇一年一二月二六日に北海道中標津町で開かれた酪農家との意見交換会の席で、つぎのように発言したという。

「感染源、感染ルートが解明されなければ、消費者に安心感を与えないと（新聞は）書いている。だがイギリスでは一五年で一八万頭、EUでは二二〇〇頭（の感染牛）が出ているが、感染源、ルートは特定されていない」

「感染源、感染ルートはそんなに大きな問題なのでしょうか。今にでも解明したい。明日にでも犯人を特定したい。イギリスでは一五年しても特定できない。三年も五年も特定しないと消費が回復しないとでもいうのか」

「安全性と感染源の問題は別。今、全頭検査になって、直接関係ないじゃありませんか」（いずれも毎日新聞二〇〇一年一二月二八日付記事）

この発言をめぐって、従来から、「消費者の不安解消には感染源の特定は不可欠である」とし

てきた酪農家側から異論が噴出した。また野党側からも、この発言が農相としてふさわしいものではないとして、大臣の辞任を求める動きが始まった。

民主党の菅直人幹事長は「危機管理的感覚がゼロの農相をこれ以上やらせたら、きちんとした処理ができない。代えるべきだ」、「解任しないときは不信任案も視野に入れて行動したい」また共産党の志位和夫委員長は「原因が分かって初めて国民は安心できる。そういうイロハが分かっていない大臣は、辞任しないなら更迭すべきだ」、さらに社民党の福島瑞穂幹事長も「信じられない暴言だ。当事者能力がない。謝罪と辞任を求める」と述べた（同上記事）。

武部農相は「感染源の究明と安全性（の問題）は分けて考えるべきだと話したのだ」と釈明したが、要するに、「全頭検査が始まって安全性は確保された」したがって、消費者は理由のない不安におびえている、そのために、牛肉の消費が低迷しているのだ、感染ルートの解明が遅れていることと消費者不安を結びつけるのは正しくない、といいたいのだろう。

その後、通常国会で農相不信任案が野党四党から提出されたが、与党によって否決された。私はこの不信任案のなかには、今回の雪印食品の不祥事にいたる農水省の責任も、併せて、もっと重く位置づけるべきであった、と考えている。

(2)　牛肉の消費が回復しない真の理由が理解されていない

消費者は何故牛肉を買わないのか。その理由を正しく理解することができれば、武部農相の誤りが明白になる。

現行の全頭検査方式が本当に安全性を確保したことになるのか。全頭検査体制が実施されていても、それでも消費者が不安がるのは次のような理由による。農水相にはその正確な認識がない。

1　全頭検査体制でも、異常プリオン感染・保有牛のすべてを突き止めることはできない異常プリオンをふくむ肉骨粉などを投与されて異常プリオンに感染した牛のなかで、たとえば感染後の経過日数が少ないものや、検出感度以下の異常プリオンの保有量のものは検査陽性にはならない。つまり全頭検査体制にあっても、市場には検出感度以下の、あるいは検査ミスによる異常プリオンを含む牛肉が供給される可能性を捨てきれない、ということである。つまり、全頭検査体制で「狂牛病陰性」という判定が下されて、「安全である」とされた牛の中にも、微量の異常プリオンが潜伏している場合があり、その牛由来の牛肉などが市場に出てくることがある、ということである。

2　異常プリオンの本体や挙動については、なお相当な学理的な不明確部分が残されている人の新型クロイツフェルト・ヤコブ病の発症につながる異常プリオンの感染必要量あるいは感染最小量についての知見が確定していない。素因的に、異常プリオンに特別に感受性の強い人があるのか、あるいは幼弱者や病弱者では微量の異常プリオンを取り込んでも発症する可能性があるのか、という問いに対して、現状では正しく答えることが困難である。日本人が新型クロイツフェルト・ヤコブ病になりやすい遺伝的な素因を持っているなどという学者がある。全頭検査でも陽性にならなかった、微量の異常プリオンをふくむ牛肉をある期間、摂食した人が新型クロイツフェルト・ヤコブ病を発症する可能性があるのかどうかは正確にはわからない。微量なら心配ない、というのなら、その微量とは具体的にどれだけなのかを示さねばならない。狂牛病問題では著名な権威者の一人であるイギリスのレイシー教授がいうように、狂牛病と新型クロイツフェルト・ヤコブ病の関係については、学問的になお不明の部分が非常に多いという事実を軽視してはならない。

3　現行の屠殺、処理の方法は完全ではない

狂牛病であっても、危険部位以外の牛肉や牛乳には全く問題がない、というのであれば、狂牛病牛を全身焼却する必要はないはずである。狂牛病牛の牛肉や牛乳を廃棄するというのは、万一の場合を懸念するからである。現在の全頭検査体制で安全が確保されるというもうひとつの理由には、危険部位は切り離して焼却される。いわゆる安全部位とされている牛肉、牛乳などしか市販されていない、ということにある。

しかし、異常プリオンを含んでいても、それが微量であって、現行の検査法にかかってこない場合には、屠殺時の脊髄除去時などに飛まつや血液などが一部牛肉などに移行する可能性を捨て去ることができない。したがって市販の牛肉に微量の異常プリオンが付着していることがあり、この場合に全く問題がない、とは言いきれない。

さらに、レイシー教授は、屠殺時の血液による汚染があるかぎり、牛肉は必ずしも安全であると言いきることはできない、とのべている。もしそうだとすれば、現行の全頭検査方式によって供給される牛肉や牛乳の安全性を過信することはできないということになる。同教授は牛乳の安全性についてさえも楽観視することはできない、とものべている。

4　母子感染の疑いも捨てきれない

イギリス政府は母子感染を否定している。しかし、レイシー教授は母子感染、垂直幹線の疑いも捨てきれない、とのべている。もしそうだとすれば、狂牛病感染牛で未発見の母牛から生まれた感染子牛が、屠殺後に検査陰性と判定されて、その牛肉が市販される場合があるだろう。現在、飼育農家は狂牛病陽性牛の発見という、悲しむべき事態が自らの飼育施設の近辺に発生することを恐れて、高齢の牛の出荷を控えているといわれる。このような場合には、異常プリオンの、廃用牛の体内での増殖と垂直感染による汚染が次第に周辺に拡散してゆく危険がある、ということになる。

5　検査にはミスがつきものである

全頭検査に使用されているエライザ法、ウエスタンブロット法は処理前の牛のための検査法ではない。もちろん、精度、感度の限界があり、普遍的におこりうる計測機器や検査要員の技術的な誤判別、事務処理上のミスなどにも配慮しておかねばならない。現にわが国の最初の狂牛病牛は、はじめはプリオニクス法で陰性と判定されていた。そして全くの偶然から、脳の組織検査によって、狂牛病であることがわかったのである。

(3)　感染源を突き止めて汚染源を根絶することこそが重要である。

以上のような理由から、わが国の農水大臣のように、「全頭検査体制をとっているから、現在市場に出ている牛肉などは安全である」、と言い切ることには問題がある、というべきである。消費者は漠然とではありながら、国の安全対策に不安を感じているからこそ、全頭検査体制下であっても、牛肉を買おうとはしないのである。

消費者は国際的なＯＩＥ（OFFICE INTERNATIONAL DES EPIZOOTIES：国際獣疫事務局）、ＷＨＯ、ＦＡＯなどの勧告内容には、どこかで畜産、酪農業界の現実と妥協する部分があるのではないか、と疑っている。イギリス政府の公式見解が九〇年代につぎつぎに崩れ去った苦渋の体験を忘れていない。大方の政府の審議会の委員を務める権威ある学者の持論が特定危険部位を取り去ったら、そして全頭検査体制がしかれたら安全である、などという一方で、たとえば、イギリスで、かつては政府諮問委員会の委員を務めたことのあるレイシー教授らがその著書などで、牛肉やミルクなどにさえ疑問を呈するような見解を述べていることも知っている。消費者は、いわゆるゼロリスク志向などではなくて、少しでも疑惑が残っている限り、代替手法を模索しようとしているのである。人類の安全性に関する科学技術の進歩はそうすることによってはじめて可能になったのである。

狂牛病の脅威とは、正確にいうならば、新型クロイツフェルト・ヤコブ病の病原体でもある異常プリオンの脅威である。この異常プリオンの、いわば環境内汚染密度を引き下げることによって、食品として、それらが人の体内に取り込まれる量を少しでも減らすことこそが衛生学的に、疫学的に重要なのである。牛肉などの消費を回復するためには、異常プリオンを標的とした徹底した対策が取られる必要がある。

その意味では、わが国に持ち込まれた異常プリオンの感染源や感染ルートを明らかにして、現在時点での異常プリオンの所在をつきとめ、それらの増殖と拡散の可能性を完全に断ち切ることが絶対に必要なのである。

もちろん全頭検査の意義を疑うものではない。しかしそれだけが安全を確保する方法ではない。諸外国ではやっていない全頭検査をしているから、わが国だけが特別に、安全なのではない。

感染源を突き止めないでいると、たとえばどこかに、なんらかのかたちで残存している異常プリオンを含む飼料を与えられた感染幼弱牛などの牛肉が、検査陽性にならない場合には、問題がないとして出荷されるだろう。結果的に微量ではあっても、異常プリオンを含む牛肉が引き続き人の食用に供されることになる。また検査陽性を恐れて出荷に廻されない高齢牛の体内で異常プリオンが増殖し続けて、一部で疑われているような、出産時での垂直感染がおこり、胎盤などを通しての水平感染がおこる可能性を残すことにもなる。

重ねていうが、体内に摂取される異常プリオンが微量であるから、心配がない、などといってはならない。前述したように、人の新型クロイツフェルト・ヤコブ病の発症につながる性差、年齢差などの個体差や遺伝的な素因、体調、病症などとの関係についても全くわかっていない。

要するに、全頭検査と並行して、早急に感染源を突き止めて、残存している異常プリオンを絶滅するために、たとえばＥＵ諸国で行なわれたように、突き止められた疑惑群を隔離、根絶することこそが必要なのである。わが国の酪農、畜産市場や流通現場での異常プリオン汚染濃度を極力、減少させること、したがって消費者が食用する牛肉などに含まれる異常プリオン量を可及的に極小化する方向で努力することこそが行政側が安全性を確保する上でもっとも重要なのである。

たとえば、現在「廃用牛」と呼ばれている高齢の牛は狂牛病の発見を恐れて市場に出てこないといわれるが、これらの牛を行政側が積極的に、強制的に買い上げて、それらの処分後に異常プリオン検査を実施して、狂牛病の有無を調べる。さらにすべての死亡牛に異常プリオン検査を義務付ける。これらの措置によって、異常プリオンの増殖が阻止され、狂牛病牛の所在パターンが明らかとなり、汚染源の追跡が相当に進捗するのではなかろうか。

武部農相は、「安全性と感染源の問題は別」と言ったが、以上の理由から、これは明らかに誤りである。農相の安全性に関する認識は正しくない。酪農、畜産行政の最高責任者の発言としては極めて不適当であるといわねばならない。

(4) 牛肉の消費を回復するための体制つくりでは

異常プリオンの所在に直接焦点をあてた取り組みが必要である。そのために、

① 家畜あるいは家畜関連飼料などの輸入検査体制を拡充、強化する。EUからはもちろん、現在、狂牛病が未発見の第三国であっても、それらを介した異常プリオンの持ち込みを許さない。そのために、輸入される家畜や関連製品の、異常プリオンの所在の追及と汚染ルートの遮断に焦点を当てた施策を推進する。

② 死後検査ではなく、生前検査や肉骨粉、牛由来製品中の異常プリオンの検出が可能な、精度の高い方法を早急に開発することを支援するために官民が全力をつくす。EUの一部では、生前検査法の研究のために業者が大学、研究機関に資金を拠出している、と報じられている。

③ 屠殺、処理方法の改善のために努力する。異常プリオンの汚染、拡散、移行がないことを実証する。既存の全頭検査体制をより高度化して、異常プリオンを完全に除去した牛肉、牛製品だけが市場に出回るようにする。

④ 国内での既存の異常プリオンの感染ルートを解明し、異常プリオンによる汚染、あるいはその疑惑のある牛、飼料の群体、集落を突き止め、汚染源を完全に焼却して、異常プリオン自体をわが国から抹消、根絶することを目的としたあらゆる方策を実行する。

⑤　生産農家が高齢牛を出荷しにくくしている現状を放置していてはならない。それは結果的に、わが国での異常プリオンの負荷水準を高くする危険がある。早急に買上げ制度などの整備を図る。

⑥　酪農、家畜動物に対するパスポート、耳タグ、ＤＮＡカルテ表示の制度などを確立し、市場に出回るあらゆる商品の履歴、出所等が消費者にも明らかにされるように表示制度を整備する。

4　原産地表示偽装事件を深刻に受け止める

雪印食品は牛肉の産地偽装を組織的、恒常的に行なっていた。少なくとも二年前から、あるいは一〇年前に社名の変った会社のラベルを使用していたことが判明した、といわれるから、かなり以前から牛肉や豚肉の産地を自由に偽装していた疑いもある。

北海道産の牛肉が市場で不評なので熊本県産牛肉と書いたラベルを作成し、これを添付して出荷したことは同社の社内調査でもわかっていたが黙認されていた。さらに、狂牛病の発生以前は、月一～三回程度の偽造をおこなっていたが、狂牛病の発生以後は、最高月一〇回という頻度で北海道産を熊本県産、奈良県産などと偽っていたといわれる。さらに外国産のべた肉を国産と偽装する、乳牛を和牛と偽るなど、不正行為が常態化していたことが明らかにされている。

雪印の製品に限らず、「原産地表示」ラベルのない牛肉は市場に大量に流通しているといわれる。食肉業者は「ラベルが外箱にしか貼られていなかったり、全くない場合もある。中身を詰め替えれば、何処の産地にでも偽装できる」と断言したという。雪印が偽装に使ったオーストラリア産牛肉のパックにもラベルはなかった。「メーカーの指示で米国産牛肉を豪州産用の箱に詰め替えたことがある」と語った業者もあるという。

つまり、この事件の発生以前から、原産地表示自体が相当に信頼し難い実情にあった。そして行政もこの事実を知っていた。消費者は完全にだまされていたのである。知る権利など無視されていたのである。

原産地表示違反を軽く見てはならない。その理由は以下に示すとおりである。

(1) 市場、業界の秩序を乱す

熊本県JAは雪印食品を告訴する、と伝えられているが、原産地の偽装が横行するような状態を放置しておくと、各地でのまじめな生産、品質向上努力が報いられないようになる。業界の秩序は失われ、不信感だけが残ってしまう。消費者の信頼感も失われて、商品の品質、価格の基準が信用されなくなり、最終的に需要と消費の減退を招く。たとえば北海道産の牛肉に熊本産の牛肉のラベルをつけられた熊本県では、その事実が報道されて以来、本来の熊本産の牛肉が疑われて売れなくなる、というようなことがおこる。こうした偽装の常態化、横行は最終的に業界にとっての死活問題になる。

二月九日の報道では、雪印食品の関東ミートセンターでは輸入豚肉を国産と偽って販売していたことが農水省の立ち入り調査で明らかになった。関西ミートセンターでも同様な偽装工作をしていたことがすでに判明していた。輸入ものでは一〇〇グラムが一七〇円であったが、国産に偽装すれば二四〇円に売れて、利ざやがかせげた。また国内産地の県名を偽装していたこともわかった、という。牛肉であれ、豚肉であれ、儲けるためならなんでもする、これが誇り高い一流ブランド企業のしたことであった。

(2)　安全性が保証されなくなる

そもそも原産地表示や製造日、期限表示などが必要な、もうひとつの、あるいは最も重要な理由は、表示を読み取ることによって、食中毒事故などに際して、その商品の由来を迅速、正確にたどって、原因を明らかにすることが出来る、所詮"Traceablity"（産地、原因遡及の可能性）を確保できる点にある。たとえば熊本産とラベルに記載された牛肉で食中毒が発生した場合に、実はこの牛肉が北海道産であったというようなことでは、保健所などでの原因究明が暗礁に乗り上げる。そのための時間の遅れは場合によっては対策や情報公開の遅れとなって、人命に関わるような結果を招くことさえある。

このことは大企業による商品の大量生産と広域的な商品の流通と消費が行なわれる最近の情勢下では非常に重要なことであり、大規模な食中毒事故を防ぐ上で、原産地表示や消費期限などの正確さは安全性確保の観点からも絶対に必要なことである。雪印食品では今回は輸入牛肉を国産牛肉と偽装したが、逆に国産牛肉を輸入牛肉と偽装した場合に、何らかの問題が発生したとして、非常に厄介な国際問題にさえ発展する恐れがあったのである。

(3) 品質への不信感の増幅

今日の消費者はただでさえ食品の安全性や品質に多大の不安感、不信感を持たされている。今回、消費者の知る権利の侵害である表示の偽装がトップブランドメーカーによって行なわれたことはわが国の業界や食品の信頼性を大きく傷つける事態であった。このことは何にもまして大きな損失であった。良心的な企業努力やまじめな国、自治体の行政の長年にわたる努力を踏みにじる行為であったと言わざるを得ない。もちろん、それはわが国の業界に対する国際的な信用を失わせるような事態でもあったのである。

雪印食品が北海道産を熊本県産、奈良県産と原産地を偽装して出荷した牛肉は沖縄県のスーパーで販売されていた。それはわが国での最遠隔地に運んでひそかに処理しようという手の込んだやり方でもあった。沖縄県民の怒りは頂点に達している。もう何も信頼できない、というのが消費者の正直な反応であろう。

関経連の会長をして、「言語道断」と言わしめたような、不正行為を犯してまでも、利益を追求しようとするような、倫理感覚の麻痺が常態化してしまった企業は市場から追放しなければならない。いかにも残念だから何度でもいうが、今回の事件は、わが国のトップブランドマークに輝いていた企業でさえも、このような恥ずべき行為を長年にわたって行なっていた、ということであって、国民、消費者の怒りが沸騰しているのも当然のことであろう。

原産地の偽装はまだしも現地で足がつくこともある。しかし同じ表示違反でも各企業の内部で行なわれる消費期限や賞味期限などの品質関連の偽装、改ざんは内部告発でもない限り、まず外部から見破ることは難しい。返品や売れ残り品の再パックなどの情報も時折聞こえてくるだけに、まじめな業者たちは消費者の信頼を裏切った今回の事態を非常に悲しんでいる。

佐賀県は二〇〇二年二月一三日に、同県三日月町の三日月ショッピングシティー協同組合（毎日新聞の記事による）が二〇〇〇年一〇月ごろから今年の一月にかけて、外国産と国産の混合牛肉を「国産牛」と偽装表示して販売していた、また狂牛病が発見されて、消費者の国産牛離れがおきた二〇〇一年九月から一二月頃には、同じ肉を「外国産」と偽装表示していたことがわかったと公表した。これは二〇〇一年の一月に虚偽表示についての情報が県に届けられ、県の調査によって始めて判明した、というが、内部告発によってしか外部にはわからない同様な不正行為がほかにも多数あるのではないかと思われる。

たとえば、この事件の直後に、某テレビ局が牛肉鑑定の専門家に依頼して、某県内のスーパーマーケットの牛肉売り場に並んでいる「国産牛肉」と表示されたパックの中身を調べたところ、六店舗中五店舗の商品が実は「輸入牛肉」を偽装していることがわかったという。しかも、問い詰められて不正を認めた売り場の担当者は「どこの店でもしていることだ。こうしなければやっていけないのだ」と告白したという。

もしもこれが真実であるとすれば、正確な調査もしないでいる、そして監視、取り締まりもしないでいる県当局にも責任がある。行政側はもっと厳格な法秩序の擁護者であるべきである。たとえば佐賀の事例の場合でも、県はこの違法スーパーマーケットの名前を、当初公表しようとしなかったといわれている。これでは一体誰のための行政なのかを疑いたくなる。

原産地の偽装は、いうまでもなく消費者に対する背信行為である。それだけではなく、その原産地で営々と努力してきた多数の生産者に対しても、最大の罪悪を犯すことになる。それは、まさしくかけがえのない生産者の信用をせせら笑うような許し難い行為である。熊本県の農民は長年の品質向上にかけてきた努力を雪印食品の偽装工作によって踏みにじられたことを怒っているのである。

雪印食品は、要約すると、

① ＪＡＳ法違反（二〇〇〇年七月の改正によって食品の原産地表示が義務付けられた）
② 食品衛生法違反
③ 補助金適正化法違反

④　詐欺

以上の罪で、それぞれ農水省、東京都、埼玉県、兵庫県警によって捜査され、告発されようとしている。また熊本県JAも損害賠償を求めるために、JA熊本経済連が出資する食肉処理場「熊本畜産流通センター」を原告として、告訴する予定であると伝えられている。しかし企業の道義的責任軽視を裁く法律はない、という事実を忘れてはならないだろう。

そして消費者こそが、知る権利、安全である権利、選択する権利を奪われた最大の被害者として、加害者企業を厳しく追及せねばならないのである。

5　不祥事の再発をどう防ぐか

不祥事の再発を防ぐ、というより、酪農、畜産業界の信頼を回復するためにどうするか、ということが焦眉の急務となっている。

以上に示した、この事件の経緯や問題点から、次のような事項が関連企業や行政において遵守あるいは実施されねばならない。

1　企業倫理の確立

もはや多言を要しない。各企業は社長から社員全員を拘束する倫理綱領を定めて、これを遵守せねばならない。社員が決して越えてはならない一線を具体的に示して、自覚するように求めねばならない。とくに幹部の責任は重大である。

2　企業内の人間関係の改善

職員の競争意識をむやみにかき立てる営業姿勢の裏側で、リストラの不安をあおるような企業幹部の対応によって、職場のなかに、不正行為を犯してでも営業成績をあげようとする異常な気風が植え付けられる。今回の雪印食品の不祥事では、所属する事業所の営業不振によって職員がリストラの不安を感じており、倉庫内の滞貨の山を片づけたいとの思いに駆られて偽装行為に走った、のではないかといわれている。

信賞必罰の徹底はいうまでもないことではあるが、基本的に、企業内の人間関係を重視する施策が推進されねばならない。

3　企業の経営環境の改善

企業の業績は単に金銭利益の大小で決まるものではない。その企業が社会的な使命をどのように果たしているか、消費者の信頼をかちえているか、で決定されることはいうまでもない。社会的な存在意義が消滅した企業はもはや存在する必要がない。消費者を欺瞞し、不正を敢えてして延命を図るよりはむしろ自ら解散を選ぶべきである。

雪印ブランドが社是として掲げてきた「生命の輝き」を大切にするというのであるならば、それにふさわしい経営環境の改善のために全力をつくすことが必要であった。

４　企業内規律の確立

企業内の規律は単に企業利益のためだけではなく、企業の社会的責任に相応する規律でなければならない。安全性を確保することや表示の正確さを維持することは消費者のために必要なことであるが、そのことによって企業の堅実な発展もまた保証されているのである。企業内の人間関係といい、規律といい、とくに企業幹部のあり方が問われることになるだろう。今回の雪印食品の不正行為が、関東、関西、本社牛肉部門の三カ所で同時点に行なわれていたのは、統括部門の一部幹部の指示または黙認によるものであった可能性が大であるが、規律の制約を無視するような少数の幹部のあり方が、不祥事を引き起こして、最終的に企業の存亡にかかわるような事態を招いたことを重く受け止めねばならない。

５　企業内での職員の学習と教育の徹底

日常的、反復的、長期的な知識の習得、意識の向上を通して、優れた職員の資質が作られる。企業にとって、学習、教育体制の整備は絶対の条件となる。私はかつて、不況時においてこそ、学習、教育体制をいっそう重視するという、生協や農協などの協同組合運動の考え方に感銘をうけたことがある。

６　法規の整備と罰則の強化

法律、規則が整備されて、これに基づいた行政が的確に実施されていなければならない。狂牛病対策などの無策を継承してはならない。原産地表示の偽装や混乱を放置してはならない。

安全性や品質の表示等で公的権限が整然と行使されていてこそ、消費者の信頼が高まる。そして自由で公正な企業活動が可能となる。

行政側が自らの責任を業界に転嫁する手法として、行政指導に名を借りた施策が行なわれることがある。企業の自主性の尊重などといいながら、監視、監査、指導、調査、検査のための行政努力を怠ることは許されない。消費者保護という最大の課題のために、違法行為に対しては重い罰則を課することをためらってはならない。

農水省が雪印食品の表示偽装事件に触発されて、二月六日に、食品表示制度対策本部を設置してＪＡＳ法の改正に取組む方針を決めたのは当然のことである。現行のＪＡＳ法では、違反が発見された場合には業者への改善指示があり、従わない場合には業者名の公表、さらに改善命令、そしてやっと五〇万円以下の罰金という措置がとられるが、いかにも罰則、罰金が軽すぎる。至急に改正が行なわれて、厳罰で臨む体制作りが必要である。別の項に示したような表示問題の重要性にかんがみて、場合によっては違反のリピーターには刑事罰を課するような法改正も考慮されるべきである。

このさい、表示制度について、ＪＡＳ法と食品衛生法との関係を抜本的に整合化する必要もあるだろう。

7　行政の責任の自覚

第2項に示したような、行政側の狂牛病対策の遅れによって、結果的に発生した牛肉不安にもとづく消費の低迷こそが、雪印食品をして、道を誤らせたことは明らかである。狂牛病疑惑牛肉の買上げ事業に際しても行政側の不手際が目立った。農水省、厚生省は雪印食品の表示偽装事件についても責任があることを自覚せねばならない。

８　行政の指導と監督、検証体制の強化

行政は狂牛病対策に全力をあげて、消費者の牛肉不安を根源的に払拭せねばならない。行政施策の実施にあたっては、必要な指導、監視、監督に備える人員と予算と施設を準備せねばならない。ＪＡＳ法の改正がどのように行なわれたとしても、この法律を執行するための監視、指導、検査などの体制が確立していなければ成果はあがらない。表示の不正を見破る監視活動や検査活動は、消費者の信頼を確保するために不可欠である。通知、通達は乱発しても、施策を完璧に実施するための人員とその活動を保証しようとしないから、いつでも問題が生じるのである。ＪＡＳ法、食品衛生法に基づく、両省の行政面での指導、監視、検査体制の重複を避けるための措置も具体的に講じられねばならない。

雪印食品の国産牛肉表示偽装事件によって、国が助成金を支出して全国の生産者から買い上げた、一〇月一七日以前の牛肉、約一万四〇〇〇トンの中に、輸入牛肉が混じっていないかどうかを調べなおす必要が出てきた。農水省ははじめは全量検査を行なうと公表していたが、二月四日になってこれを抽出検査にすると訂正した。しかも最近になって、国際的な検査の基準よりも低い抽出比率で検査を行なっていることがわかった。これでは実態は解明できないとして専門家の批判をうけた。この記事の見出しには「大甘」という文字が大きく書かれていた。その後、一四日には農水省は再び方針を変えて、最も厳しい国際基準によって検査を行なうことになった。このような二転三転するような安易な態度を消費者に対して示すべきではないだろう。

9　反面教師に学ぶ

今回の事件を通して、消費者保護の徹底を図らない行政がどのような失態を演じるか、企業倫理を軽視する企業がどのような社会的制裁を受けるかが明らかになった。他山の石を軽んじてはならない。すぐれた反面教師から仔細に学ばねばならない。

10　消費者主権の確立

今回の不祥事は、雪印食品が消費者の知る権利を無視したことによって発生した。こうした事態を許したのは消費者の主体性がまだ確立されていないことにも起因する。この事件を通して、消費者の主権確立のための日常的な活動の必要性を痛感する。消費者の権利は消費者の権利確保のための絶えざる努力によって支えられている。

第３部

国産酪農、畜産業の信頼性を高めよう

第1章　酪農、畜産技術の問題点と自給率の向上

1　酪農、畜産技術の進歩の実態

酪農、畜産食品は国民の健康保持のために、かけがえのない良質のたん白質を供給する。食糧安保の見地から自給率を大きく低下させることは許されない。このような観点から、政府、農水省でも、従来から酪農業に対しては、さまざまな支援策を講じてきたし、生産農家も国産酪農、畜産製品の品質向上に努めてきたことによって、たとえば、国民、消費者の国産牛肉に対する評価は輸入牛肉に比べても、ひときわ高く、コストや価格面でのデメリットを一部カバーできるような状態にあった。

しかし、最近になって、飼育技術の進歩などといわれる中で、さまざまに懸念される状況が見られるようになってきた。たとえば、体外受精や、クローンの技術などが長足の進歩をとげるようになった。遺伝子組み換え大豆などを成分とする配合飼料が与えられ、本来、草食、反芻動物であった牛などに動物性の肉骨粉などが投与されて、いわゆる共食い的な飼育の状況が普遍化した。成長ホルモンが使用され、抗生物質が安易に用いられるようにもなってきた。

飼育方法でも、放牧、分散、自然草食様式が捨てられて、厩舎、密集、多頭、人工飼育様式が一般化した。肥育期間が短縮され、まるで食肉製造工場やミルク製造機械でもあるかのように、ひたすら牛肉収量や搾乳量を増大させようとしてきた。

牛であれ豚であれ、家畜である前に生物でなければならない。ところが、人の営利、都合によって、進化の過程ではありえなかった状況に生物を位置付けようとするような異常な方向性が顕在化するようになった。こうした最近の酪農、畜産業界の技術革新と称する目覚しい変貌を、消費者は何となく疑問視しながら、あるいは漠然と不安視しながら、供給される酪農、畜産物を受け取ってきた。

酪農、畜産技術の進歩とは何か、それはコスト削減のための、工場生産の方式を生物界に取り入れることなのか、ひたすら利益を搾り取るために、牛や豚を、誕生から屠殺まで、ベルトコンベアーの上に乗せることなのか、そうした疑問が生産者と消費者の間の溝を次第に広く深していることに気づかねばならなかった。欧米の一部にみられる、捕鯨などの漁業分野では執拗な批判を行なっていても、畜産分野では生命倫理には眼をつむろうとするような考えかたが無限定な飼育技術の進歩を加速させていた事も否定できなかった。

いかなる技術開発であれ、有用性の追及は安全性の裏づけのもとで行なわれねばならない。たとえば、遺伝子操作技術の導入、実用化にあたっては、そのままえに安全性分野での検証を徹底して実施しておかねばならない。しかし、現時点でさえも、クローン動物の寿命が短く、発症率、死亡率などが高いといわれる理由は不明のままになっている。放牧方式をとらなかった動物の免疫力、抵抗力の低下が疑われている。草食動物に肉骨粉を与えることによって、どのような影響を生じるかもはっきりとはわかっていない。共食いにあたるような飼料の与え方を続けることが、いかなるメカニズムで、どのような結果になるのかも不明のままである。成長ホルモンを投与して肥育された牛の体内にどのような生理学的な変化が生じるかについての論争も果てしなく続いている。そして、結果的に近代的な飼育方式の牛の寿命が短くなったことや出産後に自力では立てないような牛が増えてきたことだけは確かな事実として観察されるようになっている。

狂牛病の病原体は異常プリオンと名づけられたたん白質様の化学物質であるという。何故、細菌でもウイルスでもないたん白質様の化学物質が病原性を持つのか。何故、二年から八年もかかって発病するのか。どのように種の壁を越えて、狂牛病は人に感染するのか。何故、新型クロイツフェルト・ヤコブ病は一〇年から四〇年という長い潜伏期を経てから発症するのか。正常プリオンの異常化のメカニズムは、など、わかっていないことが余りにも多すぎる。狂牛病は肉骨粉が原因だという説が有力であるが、何故、問題が生じるのか。肉骨粉中の異常プリオンが高分子のたん白質様の化学物質でありながら、どのように消化管を通って吸収されて、脳組織にたどりついて、空胞をつくるのか。

以上のような、安全性分野での多数の疑問に対する仔細な検証が不足したまま、ひたすら有用性の追及に傾斜した飼育技術の開発がおこなわれ、ついには続々と新商品を氾濫させてきたことに対して、畜産分野の企業はもちろん、こうした経過に関与して、営利企業に積極的に奉仕してきた研究者、技術者、行政関係者もまた深く責任を感じねばならないだろう。

雪印乳業の食中毒事件でも安全管理をおろそかにしてきた製造工程の実態が白日のもとにさらされた。

狂牛病のショックがついにわが国にも波及したときに、気がついてみれば、一〇年以上にわたる研究者の必死の追究にもかかわらず、狂牛病をめぐる疑問点は余りにも多すぎた。ただはっきりしていることは、最近の飼育技術の進歩なるものが三〇年前には決してありえなかった悲劇、すなわち数百万頭の牛を焼殺せねばならないという事実を作り出してしまったということであった。

安全性分野での検証を確実に行なったうえで、飼育技術を慎重に発展させる、という技術開発の原則を無視して、ひたすら有用性の追求を先行させてきた結果が狂牛病であった。

狂牛病は牛だけの問題ではすまなかった。イギリス政府が異常プリオンは人にも感染して新型クロイツフェルト・ヤコブ病を発症させる、と発表したあとで、この病気には牛肉を控える以外に予防法も治療法も見当たらないことがわかった。そしてただちに牛肉や畜産物の需要が激減した。

それだけではなかった。ＥＵでは口蹄疫が発生して、再び数十万頭という多数の牛の焼殺が続いた。牛たちは人間の利益のためにひたすら飼育されて、人間の利益のために命を奪われた。現行の酪農、畜産技術の根底には、有用性の追求に傾斜した営利優先、生命軽視の論理がまかり通っているのではないか、とさえ思わせるようになっている。

2 自給率をどう確保するのか

著者は今、国際的な情勢の把握と解析のために、必要な資料を十分に持ち合わせているわけではない。しかし、最近の欧米などの状況や発展途上にあるアジア諸国の動向がわが国の酪農、畜産業にどのような影響をもたらすか、などの展望問題についての、関連領域の研究者、行政関係者の取り組みが緊急に必要であることを強調しておきたい。とくに狂牛病問題や雪印食品問題等によって、わが国の畜産、酪農生産品の自給率がどのような影響を受けるのか、ひいては生産農家を始めとする業界が、このままはたして無事に生き延びることができるのか、などの見通しを明らかにして、対応を検討することが至急に求められている。

雪印乳業低脂肪乳食中毒事件の経験に懲りて、もしも、品質の良い、価格の割安な輸入脱脂粉乳を利用して加工乳を製造するほうがよい、あるいは大量生産によってコストを極端に引き下げた生乳を輸入したほうがよい、または雪印食品の不正行為によって国内業者の信用が失われて、消費者が輸入牛肉を選ぶようになれば、わが国の酪農、畜産業は大打撃を受けるであろう。そうなれば国産の牛乳、牛肉は生き残った小規模、少数の篤志酪農、家畜生産農家で、細々としか、つくられなくなるかもしれない。

これまで虎視眈々とわが国の市場を狙ってきたアメリカ、カナダ、オーストラリアなどの「狂牛病とは無関係で、安全な」輸入牛肉が、市場経済や自由化の追い風を受けて、狂牛病の疑惑がらみで敬遠されている国産牛肉を尻目に、遠からず国内市場を席巻することになるかもしれない。そういえば、確かに、これ等の酪農、畜産国では、行政側の輸入検疫、予防政策の水準がわが国よりも高かったために、狂牛病がまだ全く発生していないのである。アジアなどの途上諸国もまた、市場価格の水準が非常に高いわが国の市場を狙って牛肉市場に参入してくるような事態も起こりうる。そして今回の経験に懲りたＥＵ諸国の畜産、酪農業の今後の巻き返しもただごとではないものと予想される。

このままでは展望が非常に暗い。一刻も早くダメージを修復せねばならない。現状を放置している限り、わが国の酪農、畜産業は必ず破滅の道をたどることになる、そのことだけは確かであろう。こうした状況を作り出してしまった一部の業者や政府の責任はともかくとして、わが国の生産者も消費者も現実をしっかりと見つめた上で、冷静、沈着に対応せねばならない。

全国の牛乳生産量八四〇万トンのうち雪印乳業の買上げ量は一四％、北海道では二三％に上る。もしも雪印乳業が外国資本の傘下に置かれて、単価の安い輸入牛乳が大量に流入するようになると、わが国の規模の小さい酪農家は壊滅する。このことは自民党の農林部会等でも問題視されており、雪印乳業が外資系企業に吸収される事態は避けるべきだという見解が急速に浮上してきている。解散することになった雪印食品にとって代わって、外資系企業が我が国に足場をつくれば、輸入牛肉を独自に大量に取り扱うことができるようになるだろう。もしそうなれば、わが国の肉牛生産農家はたちまちお手上げになる。最近、農協グループが雪印乳業の救済に立ち上がったのは当然のことであり、今後の経過を慎重に見守りたいと思う。

ひとたび市場が奪われれば、その後は、主体的な安全性の管理や適正な価格の維持が非常に困難になることを覚悟していなければならない。

第2章　酪農、畜産業をどのように発展させるか

冒頭に示したように、酪農、畜産業は国民の食糧、健康を確保するために不可欠であり、酪農、畜産品の自給率をこれ以上低下させることは許されない。だからこそ国民は現状が非常に危機的であるという認識を共有せねばならない。食物エネルギーの資源としてだけではなく、たん白質資源としての食糧安保の重要性を理解せねばならない。良質のたん白質の供給がなければ、遺伝子系は作られない、酵素系は停止する。筋肉も血管も育たない。畜産、酪農の意義は非常に重要であり、いわゆる食糧自給率と並んでたん白質自給率というような概念を確立する必要があると思われる。

一刻も早く、酪農、畜産品の安全性を確保せねばならない。消費者がわが国の酪農、畜産業を信頼して、本気でその育成と発展に協力するような状況が実現するように努力せねばならない。

そのために国民の健康確保に責任のある各分野の有識者は困難な情勢下にある現状をどのように打開するか、そのためにどのような国家的な政策を推進することが必要なのかを検討しなければならない。

ここでは以下のような諸事項が特に重要であることを指摘しておくことにする。

(1) 酪農、畜産業の重要性を国民に周知させる。

一部で危惧されているような、近い将来でのグローバルな食糧不足に備える意味でも、酪農、畜産業の、良質たん白資源の供給業としての意義と自給率向上の必要性を国民、消費者に周知させる必要がある。政府や業界の、そのための日常的な情宣活動がこれまで非常に低調であったことには猛省を要するが、関係者は現時点こそが正念場であることを十分に理解せねばならない。

(2) 畜産、酪農業の今日的な実態の把握に努める。

既往の取り組みの問題点を明らかにした上で、生産農家から焼肉店、スーパーなどの小売店に至るまでの、昨今の、存立の基盤が揺らいでいる業界の実態を仔細に調査して、現状を正確に把握する。その上で、このまま放置すればどのような状況が発生するか、についての展望を明らかにして、改善、再建、支援策を検討する。仔細に把握された実態と国際的な情勢とを対比する。その上で対策や規制の遅れを調整する。わが国の場合、そのような基本的な作業が余りにも放置されすぎているように思われる。

(3) 畜産、酪農技術のあり方を見直す

酪農、畜産分野では、肉骨粉を投与することは一時非常に推奨されていた。しかし結局それは誤りであった。それではどのように、栄養素としてのたん白質源を供給するのか、という課題に対して、どの程度の畜産科学上の成果が得られているのか。本当に家畜由来の動物性たん白質の投与は許されないのか、何故、共食い的な飼料の投与が問題になるのか、安全飼育の方法論や手法に関しては、これらの基本的な課題に限っても、現状ではまだ、相当に問題が残されているように思われる。あるいは、非放牧、飼育方式にはどのような問題があるのか、本当に放牧、草食方式だけが最高であるのか、クローン動物は何故早死にするのか、なぜ多病なのか、など、こうした、あるいは初歩的といってもよいような疑問を数多く残したまま、有用性の確保のための技術開発を性急に目指してきたところに、問題があったことは明らかである。

単なる搾乳、食肉製造機械として、酷使するための家畜飼育の方法には無理がある。狂牛病はその無理がもたらしたひとつの結果であった、と思われる。

研究者、技術者、業界関係者は従来の飼育技術のあり方を見直す必要がある。有用性の追及は必ず安全性の検証との平衡性を保持した上で行なうことを原則としなければならない。現在、世界的な課題となっている狂牛病には、学理的に不明の点が余りにも多すぎる。クローン技術もまだ完全ではない。家畜の生産、飼育の場合に、超えてはならない限界は何処までなのか、そのことを科学的に追及したうえで、酪農、畜産技術の実用化をはからねばならない。行政官であれ、研究者であれ、不安がられても当然であるようなことを敢えてしてきた側にいる者に、消費が低迷している現状を、「風評被害である」などとして、消費者を嘲笑したり批判したりする資格はないのである。

(4) 疾病の予防と治療のための畜産医学の発達を

狂牛病にも、口蹄疫にも治療法はない。現状では焼き殺すしか方法はない。そうした抹殺の論理と方式は野蛮そのものである。人間の病気ではこのようなことは許されない。生命倫理の観点からも、家畜を物同然にとり扱うことは許されない。プリオン病は人畜共通の疾患であり、しかるべき予防法や治療法の開発は人にとっても有益な結果をもたらすであろう。疾病の治療だけではなく、予防を含めた、畜産医学、家畜衛生学、畜産疫学などの基礎研究分野をもっと充実、進歩させねばならない。クローン技術の実用化も安全性についての一定の確認が行なわれるまでは凍結するべきである。

今回の事態に懲りて、農水省や文部科学省は安全、健康飼育関連の研究開発を極力支援するべきである。

(5) 検査、検疫機能の拡充を

輸入検疫の現状は改善されねばならない。消費者の納得が得られるように、あるいは諸外国に見劣りしないように、国が検疫に必要な人員、予算、施設の拡充、整備を行なわねばならない。輸入検疫に際して、たとえば大量に輸入される脱脂粉乳や乳製品について、雪印乳業低脂肪乳食中毒事件の原因物質となったエンテロトキシンなどの検査が、日常的に実施可能な体制がとられていなければ、消費者の安全は守られない。現状では輸入食品の検査率は一〇％前後であり、大部分が書類審査だけで認証、通関されている。化学物質汚染などの高度検査もほとんど実施されていない。

国内的にも、たとえば狂牛病発生以後に急遽作られた全頭検査の体制や検疫機能が、予防的に整備されていることが必要であった。いつの場合でも事後的な対応に狂奔するような行政や企業の体質を是正せねばならない。

二〇〇二年の二月八日に、農水省が「動植物検疫、輸入食品安全性対策本部」を設置して本格的な対応に取り組むことになったことに期待したい。

(6) 品質表示の信頼性を確保する

アイルランドでは，ＤＮＡ検査企業と協力して、飼育牛のＤＮＡカルテを作成し、この牛の処分後の牛肉や牛肉製品のＤＮＡを検査することによって、完全にその出所を確認することができるシステムがすでに実用化されているという。その費用は牛肉コストの〇・五％に過ぎないといわれており、わが国でもＤＮＡカルテ方式の導入を急ぐべきである。この方式では、原産地表示違反のようなことは起こりえないし、公的検査機関の監視体制の運用にも非常に有効であると思われる。消費者は表示の信頼性を何よりも求めている。

(7) 経済的支援の必要性を認識する

むやみに国民の税金を企業の救済のためにつぎこむべきではない。しかしわが国の零細な酪農、畜産農家の大部分は、まさしく倒産寸前にあるといわれている。こうした窮状を放置しておれば、まもなくわが国の畜産、酪農業界は壊滅するだろう。このままでは飼料メーカーを含めて、ほどなく生産、流通、小売関連の国内企業も輸入業者や外資系企業に完全に圧倒されてしまうに違いない。

フランスやイタリアなどでは政府の無策に怒った農民たちが大挙してデモンストレーションを行なっている。彼等が生存、生活の権利を主張するのは当然のことである。

政府はこうした事態を招いた責任を自覚して、関連業界の声を聞き、政策面での手厚い支援を惜しんではならない。ＥＵ諸国が狂牛病の発生に伴って、焼却した牛に対して市場価格なみの補助金の支給に踏み切ったように、よほどの思い切った財政、税制面での援助がなければ、現状を乗り切ることはできないだろう。自助努力にも限界がある。たん白性食品の自給率の確保という、国家的な大目的に即した業界支援の対策が大胆に実施されねばならない。

必要であれば、牛肉、乳製品等の輸入の急増を防ぐために、一時的な輸入制限、セーフガードの実施に踏み切ることも考慮するべきである。

(8) 農協などの業界の自助努力を要請する

今回の危機的な状況を招来した責任の一端が業界側にもあったことは否定できない。この十数年来、ＥＵなどからの問題情報が届けられていたなかで、畜産業界自身ももっと慎重でなければならなかった。どこかで、一部の業者や生産農家が行政側の禁止通達を軽視して、問題のある肉骨粉を安易に取り扱っていたからこそ、わが国の飼育牛にも、異常プリオンが取り込まれて、狂牛病が発生してしまったのである。

酪農分野では、雪印乳業大樹工場関係者の営利優先の姿勢から、黄色ブドウ球菌の増殖が起こって、エンテロトキシン入りの低脂肪乳による大規模な食中毒事件が発生した。雪印乳業が売上げを大きく減らして存亡の危機に立っているのは全く自業自得であるとしかいいようがない。雪印食品の牛肉偽装問題にいたっては同情の余地が全くない。

この際、政府に経済的な支援を要請するのであるならば、業界自身もまた、同様な過ちを二度と繰り返さないように、姿勢を引き締めねばならない。国際的な輸入圧力にどのように対応するのか、を真剣に考えねばならない。そして、なによりも、安全性の確保をとおして、失われた消費者の信頼を回復するための取り組みを熱心に行なわねばならない。

その意味では、生産農家の連帯組織である各地域の農協に課せられた責任は極めて重大である。

(9) 消費者も酪農、畜産業の振興に協力せねばならない

消費者が政府の無為無策を厳しく批判しないで来たことが、現状のような危機を招いた、という側面もある。批判することは必要である。しかし批判だけではいけない。消費者もまた国産の牛肉を安全に食べることができるように、研究者や生産者と協調しながら、どうすれば不安を克服できるかを、真剣に考えねばならない。無策、怠慢な行政を叱咤激励するほどの気概を持たねばならない。それは消費者の自衛のための、主体的な権利の行使にあたる。

ある生協の調査では、牛肉の需要が減った分、豚肉や鳥肉の需要が伸びた、という結果は得られていないという。もしも本当に魚介類の需要もさして伸びていない、とすれば、そして、こうしたたん白源の摂取不足の状況が長く続くとすれば、国民栄養の側面にも問題を作ってしまうことになるだろう。

一刻も早く現状から脱却するために、消費者もまた、今どう取り組むかが注目されている。各地域の隅々に根付いている生協などが食生活の安全、安定、安心を目指しながら、困難な現状を切り開くために努力することが期待される。

(10) 生産者と消費者の連携を強化する

生産者あっての消費者であり、消費者あっての生産者である。顔の見えるところにある国内

産業は貴重である。食糧輸入大国の汚名は返上せねばならない。多国籍企業の支配は受けたくない。生産者の取り組みが消費者に見えるように、たとえば産地直送のように、農家と消費者が交流しあえる方式がもっと普及することが望ましい。消費を減退させている「不安」を解消するための、生産者と消費者の連帯した取り組みを推進しよう。そのための教育と学習活動が振興されるように、農水省や厚生労働省は極力支援しなければならない。

情勢は急速に変化している。各国にとって、今は狂牛病、新型クロイツフェルト・ヤコブ病の被害とどのように戦うか、だけではなくて、食品衛生や畜産行政の中に、狂牛病の体験をどう生かすかが問われている。そして、当面、自国の生産者、消費者のために、酪農、畜産業をどうするかが最大の課題になっている。その意味では需要の本体を支えている国民、消費者の理解を得るための、安全性の確保に軸足を置いた消費者対策が生産者対策と並んで、もっとも重要であることを政府、業界はしっかりと自覚せねばならない。

消費者が不安視するような行為を生産者、関係企業は決してしてはならない。消費者と生産者の連帯は信頼感、安心感の上に確かに成立するのである。雪印乳業の業績低迷によって、窮地にある生産農家を支援するために、JA、全農が支援することになった。地域現場において、今後とも生協と農協の、協同組合どうしでの連帯が進んで、生産農家を支えようとする方式がいっそう普及することが望まれる。

⑾ 責任感、倫理観の確立を

雪印乳業の、食中毒事件の発端からのすべての経過を冷静に見たときに、特に当時の企業幹部の責任感、倫理観が極めて希薄であったことに気づかされる、創業以来の歴史的な伝統が失われ、消費者主権に対する認識がぼやけて、必然的に大規模な食中毒事件を引き起こしてしまったことを、報告書の中で、会社自らが認めている。

連日のように、雪印食品の牛肉偽装事件のニュースが大々的に報道されている。狂牛病問題で窮地にある生産者はもちろんのこと、牛肉不安におびえている消費者からの怒りの声があがっている。

雪印食品の大株主は雪印乳業であり、幹部職員はほとんどが同社からの出向者であるという。雪印乳業は低脂肪乳食中毒事件の体験を踏まえて、別の項に示したような、さまざまな体質改善のための取り組みを行なってきたというが、今回の表示偽装というような事態は、実際にその企業固有の古い体質がまったく改まっていなかったことを示している。そしてこの事件は、わが国を代表するトップブランドでさえもこうした不信行為を犯すのであるならば、他の企業、業界もおして知るべしであるとする、業界に対する不信感を消費者の中に根深く植え付けてしまったように思われる。

実のところ、雪印乳業もまた一旦解散して、出直すべきだ、とする声が聞かれるようになっている。度重なる不祥事にあきれ果てて、この企業を見限って、雪印ブランドの製品をボイコットしようとする声まで聞かれる。

食品の安全性を確保するうえで、何よりも重要なのは、生産者、関係企業の誠意であり責任感、倫理観である。

本書では、弁解の仕様がない雪印ブランドの失態を厳しく指摘してきたが、最後に、ぜひとも付け加えておかねばならぬことがある。それは会社幹部たちの怠慢や誤った指示や工作のかげで、まじめに働いてきた大多数の社員やパート職員たちがいたということである。これらの従業員たちは食中毒事件のあとで、謝罪のために、延べ数万件の電話の応対や延べ数万軒の被害者宅の訪問のために、駆けずり回ったといわれる。雪印食品の関東ミートセンター長が偽装工作を指示した時には、三人の課長のうち一人が反対し、一人が態度を保留したという。企業人の良心は決して全く枯渇していたわけではなかった。これらのまじめな社員たちの大部分が、事件後に、まっさきにリストラの対象となり、無念の涙をのんで職場を去っていかねばならなかったという事実を私たちは決して忘れてはならないだろう。

彼等の再出発を心から祈りたい。

あとがき・食品の安全と品質を守るために

憲法で保証された人権とは、いうまでもなく、死んだ人のためではなく、生きている人のための固有の権利を意味している。その人が生きて活動するために必要とする一定のエネルギーと、その人が生きて身体を構成するために必要とする一定の素材を供給する唯一の営為こそが食生活である。したがって食生活の安定と安全は必ず守られねばならない。国や自治体の農林行政や食品衛生行政は、人権確保の基盤である生命と暮らしの安定、安全、そして、ひいては安心を保証するために、必ずや、すぐれた水準のものとしなければならない。

本書では、食をめぐる国際的、国内的な情勢の変化を自覚して、制度の国際化、輸入食品の激増、検疫所体制の現状についての認識を深めねばならないことや、食品被害、とりわけ食中毒や食生活不安の予防に関わる法律、行政の問題点を仔細に調査、検討せねばならないことを強調してきた。

雪印乳業に見られたような、食品関連企業の品質管理体制の実態や危機管理体制の現状を緻密に点検せねばならないことや、さらに雪印食品に見られたような不正、不祥事が発生する構図や理由について慎重に考慮する必要があることも示してきた。

残念なことに、今日、消費者が入手することのできる商品としての食品には問題が多く、安全性についての疑問や不安がつきまとっている。本書の中では、今回の雪印乳業食中毒事件や雪印食品産地偽装事件において、わが国のトップレベルの企業でさえも、杜撰極まりない品質管理を行なっていたことを明らかにしてきた。

私たちの周辺には課題が山積している。もしも現状を放置して、対策を怠れば、あるいは大部分の企業が予定された加害者の立場に立ち、同時に大部分の消費者が予定された被害者の位置に置かれるのではないか、そのような疑問さえも持たされる。

甘くて、客観性に乏しい現状認識は危険である。厳しくて正確な現状把握こそが改革の出発点となる。そのうえでわが国の食品の安全性をめぐる現状を放置しておくと将来的にどのようなことになるか、を正確に予測せねばならない。

わが国を代表するトップブランドの雪印乳業の低脂肪乳食中毒事件や雪印食品の国産牛肉偽装事件に象徴的に見られたような、一部企業の悪しき体質を変革しないでいた場合には、消費者の間にどのような反応が現われるかも明らかになった。

ＥＵが、歴史的な反省に基づいて、ヨーロッパ食品庁の新設とそのための「農場から食卓まで」の食の安全を目指した、抜本的な法改正に踏み切ろうとしている現時点において、わが国の政府が旧態然たる体制を固守しようとしていることにも注目したい。先の国会では、日生協などが中心になって、一年がかりで行なってきた、わが国の人口の一割を超える、一三七〇万人の署名を添えた、食品衛生法の改正を求める請願でさえも結局不採択になった。こうした今日的な状況を放置していることによって、将来的に、どのような情勢が展開することになるかもはっきりしている。

大部分のマスコミ各紙では、今回、雪印食品をついに解散にまで追いつめたのは消費者の牛肉不買行動であった、と書いている。一見、確かにそう見える。しかし本当に雪印食品を追いつめたのは、牛肉不買の裏にある牛肉不信であり、牛肉不安であった。そしてその牛肉不安を作り出したのは、狂牛病対策を誤り、規制、監視を怠ってきた農水省であったことを決して忘れてはならない。

不正を働いた雪印食品だけが追いつめられたのではない。何の不正も働いてこなかった大多数の酪農家、畜産農家もまた倒産の危機に追い込まれている。いや、消費者もまた不信と不安の迷路のなかに閉じ込められているのである。どうして、こんなことになったのか、その理由を正しく知らねばならない。

こうした現状に対して、真にその責任を問われねばならないのは誰なのかを決して見誤ってはならない。

これまで真面目に働いてきた大多数の雪印食品の職員たちは失職して路頭に迷うことになった。彼らは一部の同僚たちを不正行為に追いやった真の犯人が誰であったのかということを生涯忘れることはないであろう。

こうなった以上は、雪印ブランドの落日、斜陽、そして黄昏を、ただぼんやりと、他人事のように眺めていることは許されないのである。

食品被害を予防するだけでなく、食不安を払拭するための、国の食品衛生指導、監視関連の行政が、あるいは農林行政が本来の使命を存分に果たすことができるように、国民の世論が大きく盛り上がることが期待される。現状は早急に大きく変革されねばならない。

食生活の安全に関わる食品衛生法を消費者の権利確保を目的にした法律に改正しよう。現行の「国が国民の安全に直接的な責任を持たない」とする反射的利益論(注1)に基づいた食品衛生行政を、国こそが直接的に国民、消費者の安全を守る食品衛生行政に変革しよう。保健所や食品衛生監視員、食品衛生管理者の役割を重視して、生命、安全の確保に関わる領域での規制緩和を許してはならない。

JAS法その他の農林関係諸法も仔細に見直さねばならない。狂牛病の過ちを二度と繰り返してはならない。表示の偽装を二度と許してはならない。

環境、食糧、そして人口などの諸分野で、人類社会にとっておそらく未曾有の危機的な未来が到来するだろうというような予測がある中で、私たちは安閑としていることはできない。

本書で取り扱った雪印乳業の食中毒事件や雪印食品の牛肉偽装事件は、食をめぐるわが国の今日的な状況のひとつの断面を、如実に、象徴的に示すものであった。そこに見えてきたものを私たちは決して軽視していてはならないと思う。

最後に、本書が現在進行中の、雪印乳業や雪印食品関連の民事・刑事裁判において、企業側の不法行為が明確に証明されて、被害者原告が確実に勝利するために役立つことを祈りたい。できれば、和解というような形で、うやむやのうちに裁判が終結しないことが望まれる。

このあとがきを記していた私の手元に届けられたTIME誌（二月一八日号）の特集のタイトルには"The Sun Also Sets"（陽はまた沈む）と書かれていた。表紙には"Japan's Sob Story"（日本のすすり泣き物語）となっている。そして、その下には、「失業、不況、悪い政府、そして長期にわたるこの国の悩みは、さらに、よりひどくなろうとさえしている」と解説されていた。

本当に、わが国では、何もかもが衰退、昏迷、低落の中に追い込まれようとしているのであろうか。これまで大切にしてきたはずの、民族の誇りも、行政の規律も、企業の倫理も、そして食の安全も失われようとしているのであろうか。このままでは、この本のタイトルの「雪印の落日」どころか、まさしく、陽はまた沈む、「日本の落日」にもなりかねない。

私たちは今、根源的に何かを問われている。食の安全の分野でも、それだけは確かであると思う。

おわりにあたって、本書がわが国の生産者、消費者、一般市民の今後の取り組みにとって、いささかでもお役に立つことを願ってやまない。

編集の労をお取りいただいた高須次郎氏に厚く感謝申し上げる。

二〇〇二年二月二三日

著者

参考文献一覧

(1) 雪印食中毒事件に係る厚生省、大阪市原因究明合同専門家会議「雪印乳業食中毒事件の原因究明調査結果について」二〇〇〇年
(2) 雪印乳業事故調査委員会「食中毒事故調査結果報告」二〇〇〇年
(3) 衆議院厚生委員会議事録　二〇〇〇年八月
(4) 厚生統計協会「厚生の指標」二〇〇〇年
(5) 小倉正行『輸入大国日本』合同出版　一九九八年
(6) ヨーロッパ委員会『食品の安全性に関する白書』日生協調査室仮訳　二〇〇〇年
(7) リチャード・レイシー『狂牛病』淵脇耕一訳　緑風出版　一九九四年
(8) リチャード・レイシー「狂牛病・あまりに楽観的な日本人」文藝春秋座談会記事　二〇〇一年
(9) 藤原邦達、共同執筆『日本の宿題・（食の安全）』NHK出版　二〇〇一年
(10) 藤原邦達『食品衛生法』合同出版　一九九六年
(11) 藤原邦達『食品被害を防ぐ事典』農文協　二〇〇一年
(12) 藤原邦達『PCB汚染の軌跡』医歯薬出版　一九七七年

（付記）　二〇〇二年から左記のＨＰ・安全食生活フォーラムを開設しました。皆様のご参加を期待しています。食品衛生、栄養、安全、洗剤、時事評論などのリンク広場を設けています。どうかつぎのアドレスにアクセスしてください。

http://homepage2.nifty.com/safety-food-forum/

E-mail:DQL00262@nifty.ne.jp

【注】

1　反射的利益論：国は直接的に食品関係業者を指導、監督することによって、その反射的な利益を国民、消費者に及ぼす存在である、とする法的な考え方。

［著者略歴］

藤原　邦達（ふじはら　くにさと）
専門：環境化学、食品衛生学（医学博士）長崎県福江市久賀島生まれ
現住所：宇治市木幡南山畑28―10
Tel：0774-31-8552 Fax：0774-31-8649

阪大工学部卒　京大医学部衛生学教室助手をへて、昭和57年まで京都市衛生研究所衛生化学部門研究主幹。定年退職後は阪大、山形大などの講師、コープこうべなどの生協の技術顧問を歴任してきた。

［著書一覧］

1995年までの著書

『ＰＣＢ汚染の軌跡』（医歯薬出版）、『ＰＣＢ』（共同執筆、朝日新聞社）、『化学公害と安全性』（合同出版）、『公害環境の科学』（共同執筆、毎日新聞社）、『生協運動に科学とロマンを』（日本生協連）、『生協運動・現代から未来へ』（日本生協連）、『生協運動と食生活の安全性』（日本生協連）、『食料輸入反対の事典』（農文協）、『地球環境の危機』（日本評論社）、『食事学の11章』（共著、合同出版）

1996年以降の著書

『食品衛生法』（合同出版、1996年）、『遺伝子組み換え食品を考える事典』（農文協、1999年）、『遺伝子組み換え食品がわかる本』（共同執筆、法研出版、2000年）、『恒常性かく乱物質汚染』（合同出版、2000年）、『検証・遺伝子組み換え食品』（編著、家の光協会、2000年）、『日本の宿題』（共著、ＮＨＫ出版、2001年）、『食品被害を防ぐ事典』（農文協、2001年）など

雪印の落日
—食中毒事件と牛肉偽装事件—

2002年3月25日　初版第1刷発行　　定価2000円十税

著　者　藤原邦達
発行者　高須次郎
発行所　緑風出版
〒113-0033　東京都文京区本郷2-17-5　ツイン壱岐坂
［電話］03-3812-9420　［FAX］03-3812-7262
［E-mail］info@ryokufu.com
［郵便振替］00100-9-30776
［URL］http://www.ryokufu.com/

装　幀　堀内朝彦
写　植　R 企 画
印　刷　長野印刷商工　巣鴨美術印刷
製　本　トキワ製本所
用　紙　大宝紙業　　E2750

ISBN4-8461-0201-7　C0058

―クリティカル・サイエンス1
遺伝子組み換え食品の危険性
緑風出版編集部編

A5判並製
二二四頁
2200円

遺伝子組み換え作物の輸入が始まり、組み換え食品の安全性、表示問題、環境への影響をめぐって市民の不安が高まってる。シリーズ第一弾では関連資料も収録し、この問題を専門的立場で多角的に分析、その危険性を明らかにする。

―クリティカル・サイエンス3
遺伝子組み換え食品の争点
緑風出版編集部編

A5判並製
二八四頁
2200円

豆腐の遺伝子組み換え大豆など、知らぬ間に遺伝子組み換え食品が、茶の間に進出してきている。導入の是非や表示をめぐる問題点、安全性や人体・環境への影響等、最新の論争、データ分析で問題点に迫る。資料多数！

―クリティカル・サイエンス4
遺伝子組み換えイネの襲来
遺伝子組み換え食品いらない！キャンペーン編

A5判並製
一七六頁
1700円

遺伝子組み換え技術が私たちの主食の米にまで及ぼうとしている。日本をターゲットに試験研究が進められ、解禁されるのではと危惧されている。遺伝子組み換えイネの環境への悪影響から食物としての危険性まで問題点を衝く。

増補改訂 遺伝子組み換え食品
天笠啓祐著

四六判上製
二八〇頁
2500円

遺伝子組み換え食品が多数出回り、食生活環境は大きく様変わりしている。しかし安全や健康は考えられているのか。米国と日本の農業・食糧政策の現状を検証、「日本の食卓」の危機を訴える好著。大好評につき増補改訂！

プロブレムQ&A
ハイテク食品は危ない【増補版】
天笠啓祐著

A5変並製
一四二頁
1600円

遺伝子組み換え大豆などの輸入が始まった。またクローン牛、バイオ魚などハイテク技術による食品が食卓に増え続けている。しかし、安全性に問題はないのか。最新情報を増補し内容充実。遺伝子組み換え食品問題入門書。